KEJISHIHUA
华夏之光
中国古代科技史话

中国科学技术馆 组织编写

齐　欣　崔希栋　主编

九州出版社
JIUZHOUPRESS　全国百佳图书出版单位

图书在版编目（CIP）数据

华夏之光：中国古代科技史话 / 齐欣，崔希栋主编． — 北京：九州出版社，2018.10（2022.11重印）

ISBN 978-7-5108-7578-6

Ⅰ．①华… Ⅱ．①齐… ②崔… Ⅲ．①自然科学史－中国－古代－青少年读物 Ⅳ．① N092-49

中国版本图书馆 CIP 数据核字（2018）第 253375 号

华夏之光：中国古代科技史话

作　　者	齐　欣　崔希栋　主编
出版发行	九州出版社
地　　址	北京市西城区阜外大街甲 35 号（100037）
发行电话	(010)68992190/3/5/6
网　　址	www.jiuzhoupress.com
电子信箱	jiuzhou@jiuzhoupress.com
印　　刷	山东海印德印刷有限公司
开　　本	850 毫米 ×1168 毫米　16 开
印　　张	14.25
字　　数	228 千字
版　　次	2018 年 12 月第 1 版
印　　次	2022 年 11 月第 3 次印刷
书　　号	ISBN 978-7-5108-7578-6
定　　价	68.00 元

丛书总编委会

主　编：束　为

副主编：殷　皓　苏　青

编　委：欧建成　隗京花　庞晓东　廖　红　蒋志明

　　　　　兰　军　初学基

本册编委会

主　编：齐　欣　崔希栋

副主编：张　瑶　程　军　谌璐琳

成　员（按姓氏笔画排序）：

　　　　　王　波　王洪鹏　王　爽　龙金晶　刘　怡　刘　巍

　　　　　齐　婧　安　娜　李　博　张彩霞　陈　康　袁　辉

　　　　　贾彤宇　曹　朋　常　铖　霍　虹　魏　飞

序

作为中国大陆地区唯一的国家级综合性科技馆，中国科技馆常设展览由"科学乐园""华夏之光""探索与发现""科技与生活""挑战与未来"五大主题展览组成，其中蕴含着由古今中外诸多科技发明、发现、创意转化而来的900多件科普展品，涵盖了中国古代科技、经典基础科学、现代科技应用、前沿科技展望等诸多方面的内容。这套丛书，是中国科技馆的老师们披沙沥金，从常设展览中精选最具科技馆特色、最受观众欢迎的展品，在此基础上重新描绘而成的一个精彩科学世界。阅读这套丛书，你不仅可以游览一个动态立体的书本科技馆，更可以了解每件展品蕴含的科学原理，欣赏一个个趣味横生的科学故事，掌握一条条靠谱有用的科学常识。

在这里，华夏文明几千年孕育的科技成果琳琅满目：你一定会惊叹，一根根细细的丝线穿梭在经纬之间，竟会被编织成华美的绫罗绸缎；一件件古人用来观测星空的精致仪器，竟能破解自然运行的奥秘，描绘遥远天体的奇妙。在这里，物质世界的运行规律尽数呈现：你在课本上学到的一条条定律和一个个原理，在科技馆里都化为令人眼前一亮的有趣现象，都等着你伸出双手，开动脑筋，一同探索。在这里，科技在现代生活方方面面的应用体现得淋漓尽致：从老爷车到高铁、飞机，从四合院到智能家居、绿色住宅，从电话到卫星通信、虚拟现实，技术的革新不断为我们的衣食住行带来便利。在这里，科学家们对浩瀚宇宙"可上九天揽月"式的登攀令人赞叹，对蓝色海洋"上穷碧落下黄泉"式的探索令人感动，对微观粒子"不破楼兰终不还"式的捕获令人敬佩。

亲爱的读者朋友，希望通过阅读这套丛书，你能感受科学原理的美妙，惊叹技术应用的巨变；探秘精巧机器的神奇，体会世间生命的多彩；领略前哲探究的艰辛，放飞科技创新的梦想……

亲爱的读者朋友，请跟随着这套丛书，来中国科技馆一探究竟，感受科学的奥妙吧！

2018年9月

目 录

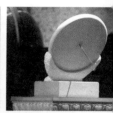

第一章

发掘地下的「宝藏」

· 撰稿人／霍 虹

第一节 采矿史上的一面"旗帜"
——铜绿山古矿井

二十世纪六七十年代，人们在湖北省大冶铜绿山附近进行铜矿开采时会经常挖到一些古老的木质巷道，但大家都没有想太多，也没有人意识到会有什么事情发生。直至有一天，一个巨大的青铜斧的出现，惊动了当时的考古界。

1973年，随着考古发掘的进一步深入，

一个更加让人不可思议的场景出现在人们的眼前——一座规模庞大的古矿井遗址。在不到2平方千米的范围内，考古人员清理出了7个露天采矿场和18个规模宏大的地下开采区，纵横交错的竖井和盲井199座，密如蛛网的平巷177条，巷道总长达到了8000多米。

这座规模宏大的古矿井遗址分前后两个

大冶铜绿山露天铜矿

时期，前期属春秋时期或稍早，后期从战国一直延续到汉代。从现场遗存的古代炼渣来看，这里至少生产了10万吨的粗铜。真不愧是我国迄今为止年代最早、规模最大、保存最完整的一处古铜矿遗址，被视为中国青铜文明的活化石。

● **延伸阅读**

古人寻找铜矿的标志物——铜草花

在铜绿山矿区生长着一种紫红色的花，这种花就是古时人们寻找铜矿的标志物——铜草花。铜草花，学名海州香薷，每年十月左右开花，花色多为蓝色或紫红色，它喜好生长在含有铜矿的土壤中。有句俗话说："山上盛开铜草花，底下铜矿叫呱呱。"在缺少现代探矿设备的年代，它就成了很重要的参照物。

以铜草花作为线索，古代先民们寻找到了埋在地下的铜矿，使人类由石器时代迈入了青铜时代，推动了人类文明的进程。

铜草花

铜绿山古矿井的木支护结构遗迹

从古铜矿遗址中可以看到，密密麻麻的矿井和巷道好似迷宫一般，各层的巷道走向也不尽相同。如此庞大且复杂的地下工程，一旦坍塌将极有可能威胁矿工的生命安全，那3000年前的古人又是如何解决这一难题的呢？

一、古代矿工的"生命支护"
——矿井的木支护结构

采用木支护结构进行地下开采，是矿工们为自己搭起的一道安全屏障。在深达几十米的地下，纯木制的支护木，是如何顶住来自巷道顶部和周遭的压力呢？众所周知，我国许多古代木制建筑周身上下没有一个钉子，却能屹立千年而不倒，这与建筑中木头和木头之间的搭接方式有着密不可分的联系。古代矿工们创造出了支护木框架搭接的合理方式，即在木头两端砍出阶梯式榫口，既便于搭接，且有效增加了支架的抗压强度。这些支护木承受了来自井壁四周的压力，从而降低了塌方事故的发生率，保障了矿工的人身安全。令人啧啧称奇的是，即使在千年之后，一部分支护木依然牢固地支撑着井壁。

铜绿山古矿井采掘情景复原图

二、采矿作业中的智慧
——巧妙的排水和通风系统

铜绿山古铜矿的排水和通风系统也有很高的技术含量。在铜绿山众多的古矿井中，最大井深可达60余米，低于地下水位20多米。地下

铜绿山古矿井井道复原图

积水是怎样被排除的？聪明的古矿工利用木制水槽等简单工具架构了一套完善的井下排水系统。首先，用木制水槽将井巷中的地下水引入排水巷道，再引入井底的积水坑。井底的积水坑通过竖井与地面相通，因而，矿工们就可以用木桶将坑中的水直接提出矿井了。

当矿井开采到一定深度时，井下的氧气会减少。为了保证井下生产的安全，古人积极利用地势特点，利用不同井口的气压差形成自然风流，并将其引入巷道，而且通过封闭巷道和填塞废弃矿道的办法，来控制风的流向。当矿井气压差不足时，就在井底点燃一堆火，加热空气以产生对流。依靠这些办法，新鲜空气源源不断地被送入地底深处，从而解决了井下通风问题。

铜绿山古矿井留下的多项采矿、冶炼技术成就，不仅向我们昭示了华夏青铜时代的辉煌，更为后人在探索地下文明的道路上留下了盏盏明灯。

第二节 石油钻井之父
——深井开采井盐技术

开门七件事：柴米油盐酱醋茶。在日常生活中，我们所吃的盐主要来自海盐、池盐（湖盐）、井盐和岩盐（矿盐）。其中，井盐是通过打井的方式抽取地下卤水而制成的。我们把生产井盐的竖井叫作盐井。

德国当代著名学者沃基尔教授曾以"中国伟大的井"为题撰写过一篇文章，文中提到150年前在地球上的中国开凿成深达一千米的井来吸取卤水制盐。这口井的凿井技术所创造的顶峰，其成就堪称当时世界之冠，要领先欧洲技术400年，这一凿井技术已成为中国人引以为豪的继造纸、印刷术、火药和指南针四大发明之外的又一大发明。

一、悠久的井盐开采历史

我国是世界上最早生产井盐的国家。据《华阳国志·蜀志》记载，战国末年，时任秦蜀郡太守的李冰在今天的双流地区开凿了史上第一口盐井——广都盐井，开启了中国凿井制盐的历史。

唐代及以前，人们以挖水井的方式挖掘盐井，都是大口浅井。到了宋代，当浅层的盐卤资源逐渐枯竭以后，大口浅井便无法满足开采的需要，一种新的开采方式随即应运而生，这便是冲击式凿井法（又叫顿钻凿井法）。人们用这种方法开凿出来了一种叫作

古代盐井复原图

● 延伸阅读

古时，食盐作为重要的民生资源和税收来源，由国家严格管控。但在高额利润的驱动下，民间私盐开采也屡见不鲜。人们发现，采用小井开采，方便且容易避人耳目，于是在民间小井开采井盐悄然兴起。明代宋应星在《天工开物》中曾提到"川滇盐井，逃课掩盖者易，不可穷诘"，也反映了当时私盐开采屡禁不止的现象。

《天工开物》中记载的制盐方法

卓筒井的小口径的深井，井口直径与当地的楠竹粗细相仿，但井深可达数十米甚至数百米。这种技术使得人类得以从更深的地层获取盐卤资源。

明清时期，井盐的开采技术发展得更加完备，从钻井、采卤、输卤、制盐，形成了一整套的井盐生产工艺，为盐业繁荣作出了巨大的贡献。

二、卓越的冲击式（顿钻）凿井技术

所谓冲击式凿井技术，是采用一种形如舂米的设备——踏碓，利用人力踩动碓架上的踏板，带动锉头上下运动，高高吊起的锉头在下落中过程中将势能转换成动能，一次次顿击井底的泥土和岩石。每凿一段时间，井底碎土沙石堆积，工人们便会把一个底部装有熟牛皮（俗称"皮钱"）的竹制搯泥筒放入井中。熟牛皮构成一个单向阀门，当搯泥筒落入井底时，井底泥浆向上冲开阀门，进入筒内；搯泥筒向上提升时，筒内泥浆的重力会将阀门关闭，如此便可将井底的泥沙随筒提出井外。通过不断地冲击、取泥，井身一点点加深，直到盐卤层。

《天工开物》中记载的井盐制盐

凿井奇观——燊海井

1835年，四川省自贡地区开凿出了当时世界上第一口超千米的深井——燊海井。燊海井井深达1001.42米，每天可出万余担的盐卤，生产天然气8500多立方米。据说，当时工人们见此井如此盛产，便造"燊"字寄以美好的期望。"燊"寓意火力旺盛，也就是说天然气产量大；"海"则代表人们期望这里的盐卤资源能像海水一样源源不断。据记载，燊海井钻成11年后，俄国才于1846年钻成了第一口油井浅井，美国于1859年钻成一口21.69米的深井。由此可见，当时我国的钻井技术遥遥领先于世界水平。

三、精巧的采盐设备

1.天车

"地下盐井，地上天车。"天车为木制井架，是井盐生产的一种地面设备。其高度多在数十米，有的过百米。高耸的天车直指云霄，被外国游客惊呼为"东方的埃菲尔铁塔"。

天车的主体是由成百上千根质轻、耐腐蚀的杉木用竹篾捆扎而成，像箍桶一样，中间是

空心的，由下而上逐渐变细，并在空中交接组合形成"A"字形。这种下大上小的结构非常稳固，而且中空的设计不仅节省材料，还保证了木材间的空气流通，起到了一定的防腐作用。

　　天车的上下各安置有一个定滑轮，用于悬挂天辊（滑轮），来提放打井设备与提取井下卤水的汲卤器具。因此，一般有盐井的地方，就会有天车。据记载，仅在扇子坝1.2平方千米的土地上，就先后矗立过198座天车。昔日的自贡，天车林立，盐井密布，煮卤制盐，云蒸霞蔚，场面煞是壮观。有一个有趣的传闻：据说在抗日战争期间，日军空袭自贡时，日军飞行员从空中看到，朦朦胧胧的蒸汽中无数天车若隐若现，还以为地面上布置了什么特殊的"防空武器"，吓得立马落荒而逃。

2. 汲卤筒

　　汲卤筒是一种用于提取井下卤水的工具。它是用小于井口直径的竹筒做成，筒底悬挂一块用作单向阀的熟牛皮。当汲卤筒向下放入井内时，阀门会被卤水向上的压力冲开，卤水就进入竹筒内。当汲水筒向上提升时，筒内卤水向下的压力使得单向阀门关闭，卤水就流不出来，从而顺利地被提出盐井。

　　古代工匠们用丰富的劳动实践和想象力创造了许多巧夺天工的器具，极大地促进了当时盐业生产的快速发展。

第二章 点石成金，铸金成器
·撰稿人／常铖

本章开头先给大家讲一个点石成金的神话故事。

古时候，有个人特别穷，他很虔诚地供奉八仙之一的吕洞宾。吕洞宾被他的真诚所感动，一天忽然从天上而降，伸手指向庭院中一块厚重的石头。片刻间，石头便变成了金光闪闪的黄金。吕洞宾说："你想要它吗？"那个人回答道："不想要，我想要你的那根手指头。"结果，吕洞宾立刻就消失了。

这个故事虽是在讽刺人类的贪心，但也反映了人们对金属制造技术的渴望。现实中虽然不存在点金石，但是勤劳而聪慧的中国古人创造了各种金属冶炼和应用工艺，创造了辉煌的青铜器和铁器时代。

第一节　丰富多彩的青铜文化
——青铜冶铸

我国的青铜冶铸历史可以追述到新石器时代晚期。考古学家们在龙山文化（公元前2500年～公元前2000年）的一些遗址中就发现了小青铜器物。青铜是一种合金，主要成分是铜、锡和铅。青铜比纯铜的熔点低，而且硬度较高，铸造性和机械性较好，比石器坚固耐用，破损后还可以重新铸造。

在战国时期，熟练的工匠已经总结出了铜锡合金的配比与性能的关系。《考工记》记载：锡含量1/6时，颜色好看，声音响亮，用于铸造钟鼎最好；锡含量在1/5和1/4时，青铜韧性好，适合做斧、戈、戟等工具和兵器；锡含量在1/3和2/5时，青铜的硬度高，适合制作刀刃、箭矢等兵器；锡含量在1/2时，青铜可以打磨出光亮的表面，而且铸造性较好，适合制作铜镜。

青铜冶铸的发展经历了由简单到复杂的多个阶段，其中商代和西周是我国青铜冶铸的鼎盛时期。这一时期，青铜器在人们的生活中随处可见，有兵器、工具、生活用具、

三星堆遗址出土的青铜戈

祭祀礼器、农具等。武器中，有戈、矛、钺、剑、簇等；工具中，有斧、凿、钻、锯、锥等；农具中，有镢、铲等；祭祀礼器中，有当前世界上出土最大、最重的青铜礼器——后母戊鼎。

● 延伸阅读

"镇国之宝"——后母戊鼎

后母戊鼎因其内壁上铸有"后母戊"三字而得名，是迄今世界上出土最大、最重的青铜礼器，呈长方形，通耳高1.33米、长1.16米、宽0.79米，重达875千克，鼎身四周铸有精巧的盘龙纹和饕餮纹。据考古学家估算，铸造如此之重的青铜器，算上铸造工艺上的原料损失，大约需要1000千克的原料。在制模、翻范、灌注、拆范后的修饰等工序中，需要300多人。后母戊鼎的铸造充分说明了商代青铜铸造技术的成熟，其青铜作坊不仅规模宏大，而且具有非常精细和规范的管理方法。

一、青铜器的造型师
—— 范铸法

诸如后母戊鼎、四羊方尊等造型精美的青铜器是如何铸造的呢？这里就要请出"范铸法"这一青铜器的造型师了。"范"指模子，范铸法就是将熔化的金属液浇铸在模子之内。在铸造时，首先制作范，再将熔化的金属液浇筑于范腔内成型，冷却，脱范，然后经清理、打磨、加工等工序制成金属铸品。

范铸法，按照所用范的材质，可以分为石范、陶范和金属范。其中，陶范法是中国青铜器铸造工艺中最常用的一种铸造方法。

陶范是一种未充分烧结的陶瓷，是由陶坯塑形雕刻好后在850度～900度高温下烧制而成的，具有耐高温、膨胀率低等特点。用这种方法制造的青铜器具有器壁薄、纹饰精美等特点。

陶范法通常采用复合范的形式来进行铸造，复合范包括外范和内范，在铸造时将内外范组合，将熔化的青铜液从范孔注入，冷却后便可以得到精美的青铜器物。

● **延伸阅读**

陶范法制作流程

下面以父庚觯的制作为例，为大家详细介绍陶范的制作流程。

（1）首先，需要雕刻父庚觯的泥模，并精细地雕刻出上面的纹饰

父庚觯泥模

（2）将雕刻好的泥模放入炉内烘干水分，使其成为硬模，然后分块用软泥坯按压在硬模上，翻制成外范。

翻制外范

（3）将分块翻制的外范卸下，在阴凉处风干。翻制过程中容易产生缺损，因此需要在外范上补刻更加精细的纹饰。

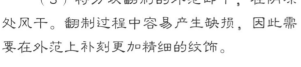

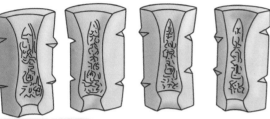

补刻外范纹饰

（4）将硬模的表面均匀地刮去一层，制成内范，使组合后的范器形成一定宽度的空隙，这层空隙的宽度就是父庚觯的厚度。

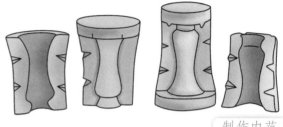

制作内范

（5）制作底部的铭文泥模，烘干后将其镶嵌在内范的底部。

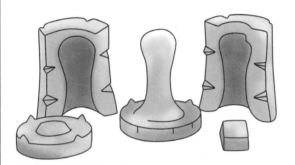

制作铭文泥模

（6）将内外范组合，并用草木灰填补空隙，将各部分粘成一体，只留下注入铜液的孔洞。

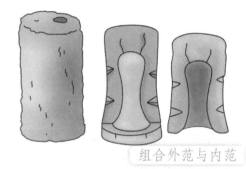

组合外范与内范

（7）将组合好的复合范阴干后放入炉内预热，准备浇筑。

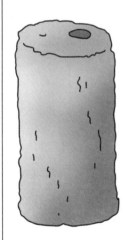

烘焙预热

（8）将熔化的青铜液注入复合范内，待整体冷却后将内外范打碎，便得到了成型的青铜器。

浇铸冷却

二、最为精细的铸造方法
——失蜡法

如果说陶范法是青铜器的造型师，那么失蜡法就是冶铸史上的艺术家，有学者甚至把它与火和轮子的发明相提并论。使用失蜡法铸造的器物，其精细程度远远超过使用陶范法铸造的器物。曾侯乙墓青铜尊盘便是失蜡法铸造的代表作，是青铜器珍品中的珍品。

失蜡法是在陶范法的基础上发明的。铸造时，首先用蜡雕刻成与铸件同样形状的蜡模，在蜡模外涂敷耐火材料制成铸型；加热，将蜡化掉流出，里面便形成空腔；经焙烧制成陶范，再把铜液浇注进去，得到铸件。

曾侯乙墓青铜尊盘

● **延伸阅读**

古代的铸币机——叠铸法

中国古代钱币的材质有铜、铁、铅等多种。如果您认为钱币也像青铜器一样是一个一个用陶范铸造出来的，那就大错特错啦！其实，古代也有铸币机——叠铸法。所谓叠铸，就是把许多范块叠合起来组成一套，只要浇筑一次就能铸出几十个甚至上百个铸件，这种方法效率高，能大大节省成本，主要用于小型铸件的批量制作。早在战国时期，齐国就已经用叠铸法铸造刀币。汉代仍然使用这种方法铸造钱币。出土于西安郭家村的"大泉五十"陶范，由46片范片组合而成，每次能够铸币184枚。

叠铸法复原模型

第二节　点石成铁
——生铁冶炼技术

冶铁技术起源于公元前20世纪的小亚细亚。公元前10世纪，冶铁术传入我国新疆地区；到公元前8世纪，中原地区已掌握了冶铁技术。通过渗碳、脱碳、淬火、退火等工艺可使铁变性成钢或可锻铸铁，其具有比青铜更为优越的强度和韧性，而且铁矿石分布广，地壳储量大，开采成本低，因此铁器开始迅速取代青铜器。

在冶铁技术的发展历史中，生铁冶炼技术的出现被认为是一次划时代的飞跃。早期的冶铁技术主要是将铁矿石在1000℃以下还原成铁。这样炼成的铁，质地疏松，杂质多，需要反复锻打清除杂质后才能制成铁器，非常耗费人力。中国在公元前6世纪发明的生铁冶炼技术彻底改变了铁器的生产，冶铁工人在高大的竖炉（高炉）内，用木炭和鼓风装置将炉温提高到1200℃以上，由于碳的渗入，以及加入了石灰石或白云石等助熔剂，铁矿的熔点降低，铁矿石能够熔化为液态并聚集到炉缸底部。由于密度不同，铁和渣自动分离，铁水可以被放出炉外，或者直接浇注成器，或者铸成型材。生铁冶炼技

术大大提高了冶铁生产的生产效率，并且降低了成本。已知最早的生铁制品是山西省天马—曲村遗址出土的两件铁器残片，属春秋早期和中期（约公元前8至7世纪）制品。而西方在公元14世纪才掌握了生铁冶炼技术，比我国整整晚了2000多年。

我国之所以能够比西方早2000多年出现生铁冶炼技术，主要在于我国最先发明了高炉冶炼技术。汉代的高炉炼铁技术已经非常成熟。根据复原研究，河南省郑州古荥镇的1号高炉高达4.5米，炉容积达44立方米，装有4个皮囊作为鼓风系统，椭球型的炉身不仅增加了高炉的内容量，而且有助于中心区

《天工开物》中的冶铁图

生铁、熟铁、钢的比较

生铁、熟铁和钢的区别主要是含碳量的不同所引起的合金性质不同。

一般把含碳量大于2%的铁叫作生铁，在0.02%~2%叫作钢，小于0.02%的叫作熟铁。生铁硬而脆，几乎不可锻造。而熟铁柔软易于锻造，但铸造性能及机械性能差。而钢则兼具韧性和硬度，可以制作成具有优良品质的工具和兵器。

域供风。据估计，古荥镇的1号高炉每天的产量达0.5~1吨，在2000多年前是非常了不起的成就。

高炉需要依靠强大的鼓风系统才能高效运转。东汉时，鼓风动力已经从人力发展到了畜力和水力，如"马排"和"水排"等。

说到这里，各位读者不要以为我在说吃的东西，这里的"排"是一件设计巧妙的机械鼓风系统，利用水流或畜力驱动皮囊不断地向炉内送风。东汉时期杜诗创造的"水排"使用最为广泛，三国时期的韩暨推广并改进了水排技术，使得炼铁效率大大提高。

轮式水排与高炉炼铁

第二章 农耕民族的智慧

古代中国人在机械方面有许多发明创造，特别是在农耕工具的创造上。在那个没有拖拉机、播种机等现代化农机具的时代，劳动者使用何种农具完成繁重的劳作呢？让我们从中国古代农具史上最了不起的发明开始，感受农耕民族的聪明智慧吧！

世界上最早、最先进的耕地机
——耕犁

耕犁是中国古代农民耕地的"神器"，是由犁辕、犁箭、犁底和犁梢等主要部件组成的复合农具，距今有5000多年的历史。耕犁的使用方法是：一人扶辕，前方一人或两三人牵引，在春秋战国时期开始改用畜力牵引。

中国耕犁是从耒耜逐步发展而来的。耒耜是耕犁普遍使用前的主要耕具。犁铧在原始社会晚期出现，由石犁铧发展到商代的青铜犁铧，再到春秋战国以后普遍使用的铁犁铧。经过不断改进和完善，汉代有了犁壁，使耕犁具有了既能翻土、碎土，又能起垄做

耕犁

垄的功能。到了唐代，江南地区为适应水田耕作，产生了曲辕犁，也称为江东犁。

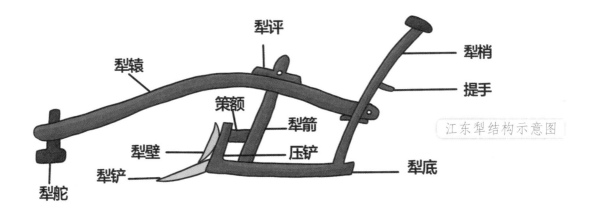

江东犁结构示意图

汉代的犁是直辕犁，它的缺点在于耕地时回头转弯不够灵活，起土费力，效率不高。需求是发明之母，唐代的江南地区为适应水田耕作产生了新的曲辕犁。其优点是犁身轻巧，摆动灵活，易于操作，在小面积地块上耕作方便，可以调整耕深、耕幅，耕作效率高。

17世纪时，移居印度尼西亚的中国农民使用曲辕犁，得到了种稻国家的好评，由此，荷兰人把曲辕犁传播到了荷兰，随后惠及了整个欧洲。

直辕犁与曲辕犁

犁 壁

汉代积极推广先进的生产工具和耕作方法，是耕犁得以发展的重要时期。出土的汉代铁犁中，有多种犁铧，其中在山东省安丘、河南省中牟、陕西省长安等地都出土过西汉犁壁，表明犁壁在西汉时期已经发明并普遍使用。犁壁的发明是耕犁改进的重大进步，因为有犁壁的耕犁才能发挥翻土、碎土、起垄做垄的作用。

1967年陕西省咸阳窑店出土的铁铧和铁犁壁

种子条播种机的始祖
——耧车

1731年，英国出现了条播机，替代了以往的人工手播，当时它被看作欧洲农业革命的标志之一。然而，在遥远的东方，中国人很早就已经使用这种农具了。这种农具叫耧车，是现代播种机的始祖。

耧车是古代的一种播种工具，由种子箱和耧管组成。史料记载，我国战国时期就已经出现耧车。公元前1世纪，汉武帝任命赵过为主管农业的官员。赵过总结了一脚耧和二脚耧的经验，发明了三脚耧。三脚耧下有三个开沟器，种子箱的下种数量和开沟器播种的深浅可以根据播种要求进行调整。以人

三脚耧车

力或畜力牵引，一人架耧并摇动，种子箱内的种子便会按照要求播种量，由耧脚经开沟器落入开好的沟槽内，随后覆土填压装置会将种子覆盖压实。

耧车能将种子成行播种，与点播和撒播相比，效率高，质量好。点播和撒播的播种方式，既浪费种子，又难以间苗。分行栽培技术要求播种时做到横纵成行，以便于田间锄草管理和作物收割，人工控制株距间苗，同时利于田间通风和作物的生长。三脚耧能同时播种三行，行距一致，省工省力，播种效率大大提高，满足了分行栽培技术的要求。

三脚耧设计精巧、实用高效，有些地区至今仍在使用。但随着现代化农机具的普及，大部分耧车逐渐被机械化播种机所取代，退出了历史舞台。作为农耕文明重要发明的耧车，见证了农耕文化的变迁，是中华民族文明史上不可磨灭的一个印记。

三脚耧播种示意图

世界上最早的扬谷高新科技产品
——扇车

在现代化农业机械普及之前，扇车是农业生产中最先进的机械之一了。扇车由车架、扇轮、外壳、喂料斗及调节门等构成，它的作用是除去谷物中的秕糠。扇车的一侧是一个特制的圆形风腔，风腔内装有扇轮，扇轮的轴与扇车外部的曲柄摇手相连接，在摇手周围是圆形中空的进风口，在圆形风腔另一侧有长方形风道。转动摇手，使扇轮旋转而产生气流，使之进入风道形成横向的风，此时将稻谷通过上方的漏斗倒入，饱满结实的谷粒比较重自然落入出粮口，较轻的糠麸、杂物则沿风道随风一起飘出风口。

据测算，用筛簸箕的方法，一位行家一小时充其量可簸45千克谷物。而用扇车，一

扇车模型

位普通工一天就可加工27立方米的谷物。

从西汉末墓葬中出土的陶扇车模型，表明扇车在西汉时期已经出现，距今已有2100多年的历史。它与皮囊鼓风、活塞式木风箱、龙骨式水车等，同是我国古代农业发达的标志。随着科学技术的发展，扬谷扇车早已经完成了历史使命，被现代电动扬谷机所取代。

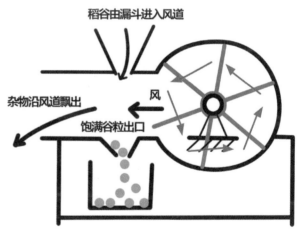

稻谷由漏斗进入风道

杂物沿风道飘出

风

饱满谷粒出口

扇车扬谷原理

第四章 水力的妙用

·撰稿人／袁 辉

水是人类生产生活的重要资源，在饮用、清洁、灌溉等方面发挥着不可取代的作用。自古以来，水力就是农业发展重要的动力资源，我们的祖先发明和使用了各种各样的水力机械用于农业生产和粮食加工。

筒　车

筒车也称大水车，南方多为竹制，北方多为木制，由水轮、水斗、引水槽组成。其主要结构是在一个立式水轮上倾斜安装数十个水斗，以河流推动水轮转动，水斗自动灌满水，并倾入引水槽，灌溉农田。筒车设计精巧，不劳人力，只需流水作能源，就能日夜不断地取水灌田。

筒车

水车之都

《甘肃通志》记载："黄河水，在皋兰城北横流，东西两滩为翻车。导引灌田，自州人段续始。"明嘉靖二十年(1541年)，段续辞官回到兰州，开始聘请工匠，仿南方筒车制作适宜黄河取水的水车。他两次专门到南方考察，吸取借鉴南方水车技术，几经失败，经过反复试制，终于创制成功。历经400余年，兰州水车日臻完善，构造独到，工艺精湛，雄浑粗犷，风格独特。至1952年，多达252轮水车林立于黄河两岸，蔚为壮观，成为一道独特的风景线。由此，兰州被誉为"水车之都"，知名于国内外。

近年来，兰州黄河大水车制作技艺被评为首届全国非物质文化遗产。

兰州黄河大水车

连机水碓

　　水碓是以流水为动力的一种谷物加工工具，利用自然水流带动水轮转动，再驱动工作机运转，以加工粮食。水碓由立轮、轮轴、拨板、碓杆、碓头、碓臼等部件组成，轮上装有若干板叶，转轴上装有多个相互错开的拨板，往复运动拨动碓杆。每个碓用柱子架起一根木杆，杆的顶端装有一圆锥形石头，构成碓头。下面的石臼里放上准备加工的稻谷。流水带动水轮转动，轴上的拨板拨动碓杆的梢，带动碓头一起一落地进行加工，使用水碓不受时间限制，可以日夜劳作。魏末晋初时，杜预发明了连机水碓，驱动多部水碓同时工作，生产效率大大提高。唐代以后，水碓的用途更加广泛，药物、香料、矿石等都能用水碓加工。明清时期，福建地区亦利用水碓来造纸，即以水碓将各种造纸原料捣烂来造纸浆。在江西省景德镇地区，水碓又曾被用于高岭土加工。

连机水碓模型

水转连磨

水转连磨是由水轮驱动的粮食加工机械。流水冲击立轮旋转，带动轮轴上端的三个有齿轮的轮盘，每个轮盘通过齿轮传动带动石磨进行谷物加工。西汉时期，水磨已初步运用，但因只是一轮一磨，故利用率不高。西晋时，杜预将原动轮改成一具大型卧式水轮，大水轮的长轴上安装三个齿轮，分别联动三台石磨，称水转连磨，因共有九组石磨，俗称"九转连磨"。水转连磨极大地提升了水能的利用，创制后迅速得到了推广使用，给当时人们的生活带来了很大的便利。

水转连磨模型

● **延伸阅读**

机械之美

水转连磨轮轴上的轮盘和磨盘间互相啮合，通过齿轮传动进行机械加工。在中国科学技术馆的东大厅，有这样一件展品——机械旋津，有着多达14种的机械结构，其中齿轮传动是最主要的机械传动结构，实现各机械装置间的联动和运转，从而产生连锁运动。可见从古至今，齿轮传动的魅力无处不在。

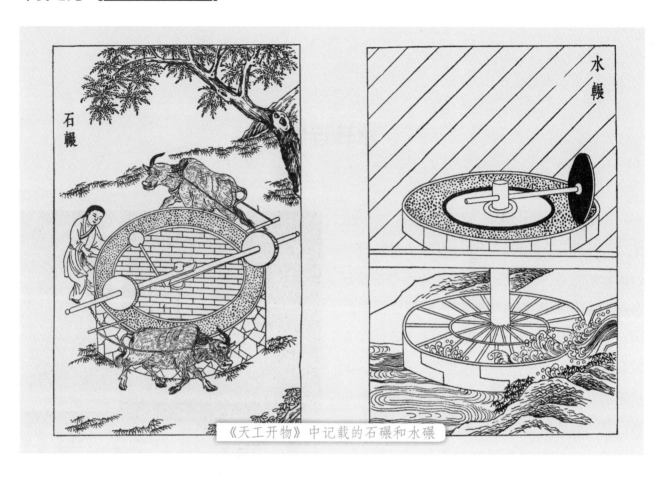

《天工开物》中记载的石碾和水碾

水 碾

碾子是谷物加工工具，可碾压谷物，去壳、麸皮，以及将麦粒、玉米等碾压成粉，由石板碾盘、石头滚子和使滚子作圆周运动的立轴组成，有水力、畜力和人力等多种动力来源。水碾是以水流冲击水轮叶片，使水轮带动碾轮滚动。《南齐书·祖冲之传》中记载："（冲之）于乐游苑造水碓、磨，世祖亲自临视。"《魏书·崔亮传》记载："造水碾磨数十区，其利十倍，国用便之。"水碾的发明不晚于两晋南北朝时，以后历代均有改进，唐代时发展更为迅速。长安附近的郑白渠最盛时有水碾等100多处，以谷物加工为主，当时长安100多万人口供粮大都来自这里。到了宋代，地方官和民间经营的水碾占了相当的比重。

船 磨

船磨是将石磨安装于舟船的中部，利用水流冲击船下的水轮，带动石磨运作。与一般的水磨相比，船磨不受河流涨落的影响，适用性较强。《农书》和《天工开物》都对船磨作了简要介绍：其形制以大铁锚固定两只相傍之舟，在舟上搭架竹棚，舟内置磨，两舟间激流中置立式水轮。若水涨，则舟移之近岸。故此又称它为"活法磨"。

船磨模型

● **延伸阅读**

机械组合——屯溪磨坊

屯溪磨坊出现在明代的皖南屯溪地区，是集磨、碾、碓为一体的综合性谷物加工场。磨坊中间竖有立式水轮，水流冲击水轮带动中轴，中轴转动时推动水碓、水磨、水碾同时工作，从而完成去壳、脱粒、碾压成粉等多项作业。

元代的农学家王祯在《农书》中讲到水力机械时，一再指出其效率之高，用水碓舂谷"可倍人畜之力"，用水磨磨面"比之陆磨，功力数倍"等，由此可见其具有很高的综合功效。

屯溪磨坊模型

我国古代水力开发历史悠久，应用广泛，在各方面曾居于世界前列。当今，随着科技的进步，先进的设备已被广泛应用，但不少古老的水力机械，如水磨、筒车、水碓等凭借其天然优势，在很多地区的农村仍为人们所使用，也给我们留下了许多宝贵的遗产。

第五章

古代人的「水泵」

·撰稿人／陈　康

现代生活中，我们只需要开启自来水龙头，水便源源不断地流出，这便是水泵的功劳。水泵是输送液体或使液体增压的机械。那么，在古代，人们是如何提水的呢？聪慧的古代中国人发明了多种利用人力、畜力、风力、水力来提水的机械。

利用杠杆原理的"水泵"
——桔槔

桔槔是一种原始的提水工具，应用很广泛。桔槔利用的是杠杆原理，在竖立的架子上设一支点横挂上一根长杆，长杆的前端用绳子悬挂一只水桶，后端悬挂一块重石等作为配重。汲水时，将长杆前端按下，后端配重物被高悬起，使水桶下垂进入水中，盛满水后，水桶在配重物的重力作用下轻易地被提到地面上。桔槔汲水时，长杆一起一落，在杠杆的作用下节省人的动力，比完全用人力要省力得多，能大大减轻劳动强度，因而得到广泛应用。孔子的弟子子贡曾说："有械于此，一日浸百畦，用力甚寡而见功多。"

据考证，桔槔可能创始于商代初期。春秋时期，桔槔已有文字记载，并普遍使用。

《天工开物》中描绘的桔槔

子贡推广桔槔的故事

孔子的学生子贡，在一次南去楚国返回途中，走到晋国汉阴（在汉水以北）时，发现田间一位老人在取水浇菜地。只见老人手抱瓦罐，注返于地面通注水井底下的通道，来回一次取一瓦罐水，不但耗费时间较长，而且手抱盛满水的瓦罐上坡浪是费力，浇地效率极低。这时，子贡想到了桔槔。他来到老人面前，介绍桔槔的优点，传授使用方法，建议老人利用桔槔汲水。但老人不愿意接受子贡的建议，继续坚持用他的笨办法浇地。这个故事表明，桔槔可能早在2000多年前的春秋时期已经出现了。

曲轴转动的"水泵"
——刮车

刮车是一种手摇式提水工具。转轮直径约5尺，轮上幅条宽约6寸，转轮的驱动分为手摇操作和水轮轴上附设机件脚踏。刮车在使用时，要根据水平面与岸边的高度确定水轮的大小。刮车安放在岸边开挖的相应水槽内，转动水轮，水被轮辐刮起送上岸，用以农业灌溉。在有些地区，刮车也被用于盐田刮卤水。

刮车简便易制，应用普遍，主要用于农业灌溉，其应用的条件是"水陂下田"。如果没有急流，只有一般的"水陂"，水面与岸高只差一两尺，人们便一般使用刮车。唐代，刮车在中原和长江流域一带普遍使用。至宋代，刮车在珠江流域一带得到普及。直到20世纪50年代以后，大部分刮车才被现代水泵所取代。

刮车模型

辘轳

轮轴原理的"起重机"
——辘轳

辘轳由辘轳头、支架、井绳、水斗等部分构成，是利用轮轴原理提取井水的起重装置。辘轳的构造，是将一根短的圆木固定在井旁竖立的支架上，圆木作为转动的轮轴，并安装有摇转圆木的曲柄，绳索一端固定在圆木上并缠绕，另一端悬挂水桶。用人力或畜力转动曲柄，水桶随绳索的解除缠绕而被放入井中，随绳索的再次缠绕而被提起。轮轴的实质是可以连续旋转的杠杆。辘轳改变了施力方向，方便摇转用力，节省动力，成为农村长期以来普遍使用的提取井水机械。

《物源》上有"史佚始作辘轳"一说，史佚是周代初年的史官，表明辘轳可能起源于商代末周代初。辘轳流行于春秋时期，之后虽有改进，但原形没有大的改变。

辘轳模型

井车模型

利用链传动原理的"水泵"
——井车

井车是一种深井提水机具，由辘轳发展而来。井车的工作原理是：在井口安装一组卧齿轮和立轮，互相啮合，立轮上挂有一串盛水筒，用畜力或人力拉动套杆，随着立轮的转动，盛水的水斗连续上升，绕过大轮后，里面的水流进旁边的水槽，再流入田地中，空水斗由另一边下降，如此周而复始。

井车约产生于隋唐时代。井车适用于雨水缺少、地下水位低的地区，在我国西南地区也用于汲取盐井盐水。

高扬程的"水泵"
——高转筒车

高转筒车是汲水高度比一般筒车高的提水机械，适用于水位很低而岸很高时的汲水，以人力或畜力为驱动力。其构造是上部和下部均有木架支撑，分别安装一个转轮，在上面轮带与竹筒之下安装承重的木板托架，以负担盛满水后竹筒的重量；下面转轮一半浸入水中，两轮之间有轮带相连，轮带上安装盛水的竹筒。上轮为主动轮，驱动上轮，通过轮带带动下轮转动，连成串的竹筒便随轮带上下运动。竹筒入水后盛满水，随着轮带自下而上地把水带往高处，到达上轮高处时，竹筒自动倾倒，将水倒出，如此循环往复。

从文献考察推断，高转筒车最早出现在晚唐时期。唐人刘禹锡的《机汲记》和陈廷章的《水轮赋》都有对高转筒车功能的描绘。

《天工开物》中描绘的高转筒车

高转筒车模型

水转翻车模型

齿轮和链传动装置的"水泵"
——翻车

　　翻车，也叫龙骨水车，是利用齿轮和链传动原理来汲水的一种机具。翻车主要由转动轮轴、水槽、木链、刮板等部分组成。车身是由木板做成的水槽，其上、下两端各安装有转动的轮轴，上端大轮轴为主动轮，大轮轴转动时通过木链带动下端小轮轴转动。

　　汲水时，将翻车安放在水源旁边，水槽下端伸入水中，以人力或畜力转动大轮轴，带动木链和刮板周而复始地翻转，刮板顺着水槽把水提升到岸上，用以农业灌溉。

　　翻车结构合理，提水效率高，因而被广泛应用，代代相传。翻车的发明，对解决农

● **延伸阅读**

马钧发明翻车的故事

　　古籍记载，东汉末年，毕岚发明翻车，能大量引水，用于取河水洒路，但当时没有直接用于农业灌溉。三国时期，马钧在前人创造翻车的基础上，经过反复研究和试验，不断改进，发明了轻巧和便于操作的翻车，

为我国的农业生产作出了伟大的贡献。这种翻车轻巧省力，可以连续汲水，因而大受欢迎。推广使用后，提高了农业抗旱能力，促进了农业生产的发展。

水转翻车模型

业灌溉问题发挥了重要作用。随着人力驱动翻车的应用，我国古代劳动者还发明了利用畜力、风力、水力驱动的多种水车。直到近代，翻车才被电动水泵所取代。

水转翻车除了使用链传动装置外，还使用了多组齿轮传动。它利用水力驱动水轮，再带动翻车工作，将人力彻底解放出来，实现了"全自动化"。水转翻车不仅省力，而且输水灌溉可日夜不息，工作效率大大提高。

第六章

霓裳锦衣的国度

· 撰稿人／贾彤宇

中国丝绸早在2000多年前的汉代就已经名扬世界，故中国被称为东方丝国。中国的能工巧匠用双手创造了世界上最美丽的织物，构筑了灿烂的丝绸文化，为世界文明贡献了辉煌的篇章。那么，丝绸是以什么为原料的？又是如何织造的呢？让我们去探寻丝绸的秘密吧！

纤纤玉蚕，吐丝作茧
——蚕与丝

蚕是自然界中非常神奇的一种昆虫，中国古人在5000多年前就发现了蚕能吐丝的秘密。唐代诗人李商隐的千古名句"春蚕到死丝方尽，蜡炬成灰泪始干"，一直被用来比喻牺牲自己造福他人的高尚情操。但是，你知道吗，春蚕吐尽蚕丝之后并没有死去，而是变为了蚕蛹，为破茧而出做着准备。那么，蚕是如何长大的？它吃什么？

蚕的一生十分短暂，只有40～60天的时间，要经历从卵、幼虫、蛹、蛾（成虫）四个不同的生长阶段。蚁蚕出生不久就开始吃

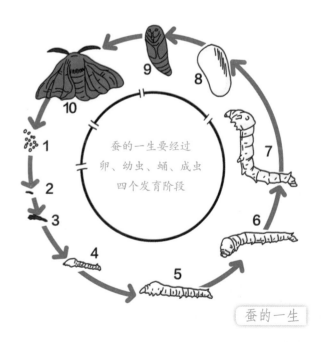

蚕的一生要经过卵、幼虫、蛹、成虫四个发育阶段

蚕的一生

桑叶，吃的多，长的快，从蚁蚕长成一条成熟的蚕，体积要增大400～500倍，体重要增加10000倍，经过四次蜕皮后才成为熟蚕。这时候，蚕的胸部和腹部开始呈半透明状，不再进食桑叶，头部高高昂起，开始吐丝，三四天后茧子就结好了。蚕结茧后，经过10～15天的时间，就会变成蛹，继而羽化成蛾，破茧而出。雌蛾与雄蛾交尾产卵，然后慢慢死去。卵随后发育成蚁蚕，开始新的生命循环。

蚕的真正价值在于"丝纶吐尽为人用，留得轻身一对飞"。一粒蚕茧，从头到尾可以抽出一根长约800～1000m的茧丝，蚕丝纤维具有自然闪亮、柔软舒适的优点，被世人誉为纤维皇后。

《天工开物》中记载的浴蚕

延伸阅读

嫘祖始养蚕

传说，最早发明养蚕缫丝的是轩辕黄帝的妃子西陵氏，即嫘祖。她偶然发现了在桑树上吃桑叶的蚕虫，而且蚕虫会吐丝结成茧，于是她摘下蚕茧，抽出蚕丝，织成丝绸，做成衣服穿在身上。并且，她开始栽桑养蚕，向人们传授和推广种桑、养蚕、缫丝、织绸的方法，从而结束了古人以树叶、兽皮为衣的蛮荒时代，开启了人类文明的新时代。随后，蚕丝业逐渐在中原地区兴盛起来。人们为了纪念嫘祖"养天蚕以吐经纶，始衣裳而福万民"的功德，将她尊称为"蚕神"。

热汤引绪，化茧成丝
——脚踏缫丝机

蚕丝的主要成分是丝素和丝胶。丝胶易溶于水，温度越高，溶解度就越大。将蚕茧在煮茧锅中加热后，从头至尾可以抽出一根长约800～1000米的蚕丝，将若干根茧丝同时抽出并利用丝胶粘在一起，这就是缫丝。之后，再经过络丝、并丝和加捻工序，就可以制成织造所用的经纬丝线。

缫丝是丝绸生产过程中一个最重要的环节，是丝绸技术起源的关键。我国是最早利用蚕茧抽丝的国家，缫丝技术最早出现在新石器时期，最初为手绕或者使用手摇式的缫丝工具。脚踏缫丝车至宋代已基本定型，是在手摇缫丝车的基础上发展而成的，与手摇缫车相比多了脚踏装置。用脚代替手，缫丝者可以用两只手来进行索绪、添绪等工作，从而大大提高了生产效率。公元4世纪，中国的养蚕和缫丝技术传到日本，于公元6世纪中期传到欧洲，此后，意大利、法国等才开始养蚕和缫丝。

缫丝车

水转大纺车

弦随轮转，众机皆动
——水转大纺车

水转大纺车是中国古代水力纺纱机械，元代时盛行于中原地区，用于加工麻纱。水转大纺车上有32枚纱锭，一昼夜能纺100斤纱，是中国古代机械工程方面的一项重大成就，是当时世界上最先进的纺纱机械。

水转大纺车是一种相当完备的机器，与近代纺纱机的构造原理基本一致，已具备动力机构、传动机构和工作机构。其动力机构为水轮，工作机构由锭子和纱框组成，水力转动水轮，输出动力，通过传动机构，使32枚纱锭和纱框转动，完成加捻和卷绕纱条（或丝束）的工作。

手经指挂，穿梭打纬
——原始腰机

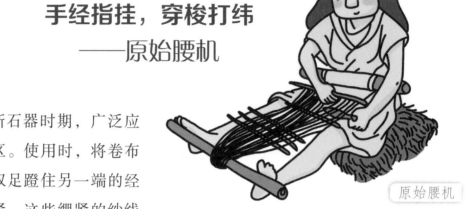

原始腰机

原始腰机出现于新石器时期，广泛应用于我国少数民族地区。使用时，将卷布轴的一端系于腰间，双足蹬住另一端的经轴，把所有的纱线绷紧，这些绷紧的纱线就作为经纱，用分经棍将经纱按照奇偶数分成上下两层，形成自然梭口，以纡子或骨针引入纬线，用打纬刀打紧。这种织机的主要特征是已经具有了上下开启织口、左右穿纬、前后打紧三个方向的运动，是现代织布机的始祖。

札札机杼，助力织布
——汉代斜织机

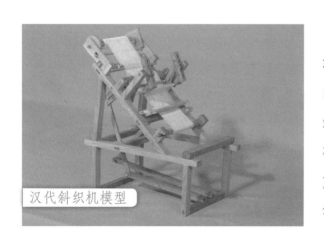

汉代斜织机模型

目前所知的汉代斜织机是一种中轴式踏板织机，是从原始的织机演变而成，因织机倾斜的经面与水平的机架呈50°~60°的倾角，故称斜织机。它具有脚踏开口提综、牵伸、打纬等机械功能，织工操作比较省力，织物平面也更加均匀丰满，在我国汉代时普遍推广使用，是华夏民族引以为豪的伟大发明。

灵机一动，巧织经纬
——大花楼提花机

提花机是中国古代织造技术的最高成就的代表，因为它比一般织机高出一个提花装置，其形状好似"高楼"，所以被命名为大花楼织机。提花技术是中国古代丝织技术中最为重要的组成部分，突出特点是能够织出复杂的、花形循环较大的花纹。要织造复杂的花纹，就必须将要织造的花纹信息编制好并储存起来，以使记忆的开口信息得到循环使用。这就好比一台计算机，事先要编制好整套程序，才可以重复运行，这在古代是一种高难度的技术。

原始的织机通常采用一蹑（脚踏板）控制一综（提起经线的综框）来织制花纹，为了织出花纹，就需要增加综框的数目，2片综框只能织出平纹组织，3～4片综框可以织出斜纹组织，5片以上的综框才能织出缎纹组织。因此，要织造复杂的、花形循环较大的花纹组织，就必须把经纱分成更多的组，所以就出现了多综多蹑织机。根据《西京杂记》中的记载：汉代初期，巨鹿人陈宝光妻就曾经使用120蹑的织机织造散花绫，这么多的综和蹑织造起来十分费力和烦琐。三国

大花楼提花机

时期，发明家马钧对织机进行了改进，将60综蹑改为12综蹑，提高了功效。花纹的复杂程度决定综框数量的多少，由于一台织机上装不下太多的脚踏板和综框，只能织造花纹循环较小的图案。人们为寻求更好的织造原理及方法，经过长期的摸索实践，逐步发明了这种高耸于织机上部、控制经线起落的提花装置。织造时，采用一蹑控制一综与提花同时作用来完成提织花纹的任务，需要两人配合默契，一人为挽花工，坐在三尺高的花楼上挽花提综，一人踏杆引纬织造，上下一唱一和，正所谓灵机一动，呈现出"纤纤静女，经之络之，动摇多容，俯仰生姿"的优美场面。

大花楼提花机

大花楼织机的特点是可以织造花纹循环很大的织物。比如，织造皇帝穿的龙袍，花纹循环有的长达十余米。还有，明清时期许多精美的妆花织物都是由这种大花楼织机织造的。

提花机是中国古代一项极为重要的发明，它的出现对世界近代科技史的发展影响巨大。18世纪，借鉴提花机的线制花本提花原理，法国人贾卡制造了提花纹版，利用打孔的纸版与钢针来控制织机的提花，根据孔的不同位置，织出各种不同的图案。正是这种穿孔的纹版启示了电报信号的传送原理，也成为早期计算机的雏形。

大花楼提花机

第七章 墙倒屋不塌的秘密

· 撰稿人/王 爽 张 瑶

1996 年，丽江古城遭遇了里氏7.0 级大地震。地震中，新建的钢筋混凝土大楼纷纷倒塌，而一些老建筑的土墙虽垮了，但木构架依然挺立不倒，形成了"土崩木未解，墙倒屋不塌"的奇观。

古老的建筑如何能承受如此之大的冲击而屹立不倒呢？让我们从7000年前说起吧！

惊艳 7000 年的美
——榫卯

时间推回到7000年前的新石器时代早期，长江下游流域有一块凸起的高地。这里，气候温暖湿润，土地肥沃，吸引了一个氏族部落来此定居。他们就地取材，斫木盖房，用石器将木料凿制成带有凹凸结构的构件，并将这些构件进行拼插，搭建起底下架空、中有围廊、上铺苇席的干爽通透的房屋。

这块高地就是位于浙江省余姚市的河姆渡遗址。1973年，考古学家在这里发现了新石器时期的文化遗存，其中出土了大量带有榫头或卯眼的榫卯构件。可见，这种榫头和卯眼咬合的方式已经成为当时结构房屋的技术关键。

那么，何为榫？又何为卯呢？榫卯，是为了使竹、木、石制等构件有效连接，在构件上人为地凿制凸起的榫和凹陷的卯，利用榫卯结构的相互咬合以实现构件连接的工艺。在咬合过程中，榫与卯的大小和位置必须相互配合、严丝合缝，构件连接起来才能牢固稳定。同时，由于不使用铁钉等进行硬性连接，好处有二：一来铁钉等金属件的使

河姆渡遗址发掘现场

用往往会破坏木材纤维，而且时间久了，金属的腐朽会加剧木材的劣化，不利于结构的长久维持。二来也是耐震的关键，铁钉等的使用会使建筑整体结构处于刚性联结，一旦地震袭来，结点处由于非常牢靠反而会最先被破坏，从而导致整体结构的瓦解。而使用榫卯工艺，整体结构处于柔性联结，地震波的外力会通过榫卯处的震荡衰减很大一部分，结点也许会脱节，但不至于被破坏，这就保证了整体结构的安全。榫卯是古人非凡智慧的结晶，也是中国古代建筑的灵魂。

⬤ 延伸阅读

鲁班锁和鲁班奇缘

鲁班锁是一种古老的益智玩具，相传是鲁班为了启发儿子智力而发明的。鲁班锁由6根具有凹凸构造的短木组成，短木之间通过榫卯工艺相互咬合连接，完全靠自身结构的连接支撑，而使短木垂直相交固定在一起，结构巧妙，扣合严密，间不容发，易拆难装。传至近代，鲁班锁从最初的六根锁，逐渐拓展到十二方锁、十八插钩锁、二十四锁等拼接拆卸难度更大的玩具类型。

鲁班锁

在北京鸟巢国家体育场的北边，有一个正方形建筑，它利用积木般的块体相互拼插咬合，呈现出一个巨大的鲁班锁造型，这就是荣获"鲁班奖"的中国科技馆新馆。工匠世家出身的鲁班，被后世尊称为祖师，中国建筑行业的最高奖项便用他的名字来命名，即"中国建筑工程鲁班奖"。"鲁班锁"荣获"鲁班奖"，鲁班奇缘在此成就！

中国科技馆新馆效果图

既坚且美，灵动蓬勃
——斗栱

斗栱是中国古代汉族建筑特有的一种结构。在传统古建筑中，挑起屋顶而伸出的屋檐需要一种构件来承托，古代工匠们便用短木制作出斗栱，栱托着斗，斗托着栱，层层叠叠，组成中国古建筑中的至美元素。

斗栱是利用榫卯工艺进行拼接的构件。建筑中，斗栱的功能和意义在历史上一直发生着演变，而其基本形式则相对固定，斗是方形垫块，栱是带曲臂的长形构件，斗与栱重重叠加，形成繁复的构造。有的栱在建筑顺身方向，起着分散传递上部压力的作用。有的栱在建筑进深方向，起着杠杆原理悬挑上部压力的作用。

斗栱的历史"可以说与华夏文化同长"（林徽因语），"中国各代建筑不同之特征，在斗栱之构造、大小及权衡上最为显

斗栱

著"（梁思成语），深留着历史文化演进的痕迹。斗栱的形象最早见于西周铜器上，而最早的实物出现在战国中山国墓的铜方案上。到了汉代，斗栱的形象一下子丰富起来，在画像砖石、砖石墓阙、明器陶楼上处处可见，可以说汉代是斗栱发展的一个重要时期。木构建筑上斗栱的最早实物可以从唐宋建筑的遗存上直接看到，以山西省五台山佛光寺大殿为代表。时至明清，我们能够看到斗栱发展得愈发繁丽，构件有变小的趋势，装饰性的功能愈发增强。

从功能角度来分析，一方面，斗栱位于结构之间，起着承上启下、传递荷载的作用；另一方面，由于斗栱的存在实际上增加了上下层结构间节点的数量，有效消耗了地震传来的能量，起到抗震减灾的作用。再者，将屋檐向外挑出，可把最外层的桁槫挑出一定距离，使建筑物的出檐更加深远，造型更加优美。飞檐出挑、逐层叠加的造型，给人以灵动俏丽、蓬勃向上的视觉享受。

无论从艺术或技术角度来评价，斗栱都足以体现中国古代建筑的精神和气质。如果没有斗栱"尽错综之美，穷技巧之变"，就没有中国建筑的飞檐翘角，就没有中国建筑的飞动之美，就没有中国建筑"所谓增一分则太长，减一分则太短的玄妙"（林徽因语）。

● 延伸阅读

斗栱博物馆——应县木塔

坐落于山西省应县佛宫寺内的释迦塔，塔高67.31米，是世界上现存最高的古代木构建筑。它更为人所知的名字是应县木塔。木塔共计采用50多种各式斗栱，素来有"斗栱博物馆"之美誉。

应县木塔为楼阁式塔，塔身平面为八角形，立在一个分为上下两层的砌石台基上。塔身通体木质，外观为五层六檐，内设九层，第二层以上各层平座内均为暗层。木塔明暗各层都有内外两圈柱子，所有的柱子用梁枋连接成筒形的框架，形成了双层套筒式结构，大大增强了塔的刚度。塔的每层由平座、柱、斗栱和屋檐组成，攒尖的塔顶，配以各层屋檐、平座和回廊，逐层上升，精美坚固。

木塔建于辽代，至今已有900多年历史。正是由于双层套筒式结构和大量斗栱的使用，木塔纵然经历了十余次地震，但至今仍巍然屹立，显示出了高超的建筑技术，堪称中国古代木制高层建筑的典范。

应县木塔模型

独特的中式建筑之美
——市架结构

与西方砖石结构的古典建筑不同，中国古代建筑以木构架为主要结构方式，充分利用榫卯工艺，形成了独特的艺术风格。木构架的两种主要方式为抬梁式和穿斗式。

一、高大恢宏的抬梁式建筑

抬梁式是指在立柱上架梁，梁上又抬梁的房屋建筑方式，也称叠梁式，在春秋时期已完备。抬梁式构架沿着房屋的进深方向，在石础上立柱，柱上架梁，再在梁上重叠数层柱和梁，最上层梁上立脊柱，构成一组木构架。进而，在相邻木架间架檩，檩间架椽，构成坡顶房屋的空间骨架。这种形式的特点是室内局部空间开阔、容易分割，但用料较大，施工复杂，主要应用于庙宇宫殿等官式建筑及北方民居当中。

延伸阅读

屹立千载，优雅雄浑——佛光寺大殿

山西省五台山佛光寺大殿为现存四大唐构建筑之一，至今已有1000多年历史。佛光寺大殿集中反映了抬梁式建筑的特点，在我国乃至世界建筑史上都占有重要地位。

佛光寺大殿模型

二、精巧轻便的穿斗式建筑

穿斗式是指以柱直接承檩，无须通过梁传递荷载的房屋建筑方式。穿斗式构架沿着房屋的进深方向立柱，用穿枋把立柱纵向串联起来，形成一榀榀屋架，檩条直接安装在柱头上，由此形成一个整体框架。这种形式由于立柱排布密集，使得室内分割空间受到限制，但其优点是用料经济，施工简单。穿斗式建筑形式最早见于汉代画像砖，至今仍为南方诸省普遍采用。

穿斗式建筑模型

我们再回到文章开始提到的丽江古城。丽江古城始建于宋末元初，距今已有800年历史。丽江纳西民居建筑一般为二层木结构楼房，采用穿斗式构架，垒土为墙，覆瓦为顶，设有外廊，是典型的南方建筑类型。木构架建筑以木柱承重，土墙仅仅起到分隔房间的作用，不参与承重。木构架依靠榫卯连接，构成了一个富有弹性的框架。地震时，这种结构依靠变形耗散了一部分能量，因此抗震能力强。这正是丽江古城在地震中"土崩木未解，墙倒屋不塌"的原因所在。

第八章

跨越古今的桥梁

·撰稿人／王　爽

20世纪70年代末，一批超限大件设备需要从北京永定河上通过，但由于载重量巨大，几座新桥都不能胜任。经多方测试，运输部门决定让一座古桥来完成这件"不可能完成的任务"。当承载着429吨重量设备的超长车辆从桥上经过时，桥的拱券最大下沉量为0.52毫米，这是那些新桥所不能承受之重，而这座已经有800年桥龄的古桥却举重若轻、岿然不动。设备顺利通过，古桥桥体安然无恙，人们不禁产生了由衷的赞叹和无限的敬仰，向这座古桥致敬，更要向古桥的建造者——勤劳智慧的中国古代劳动人民致敬！这座桥，就是闻名中外的卢沟桥。关于它，关于中国古桥，还有很多故事要讲……

一桥飞架南北，天堑变通途
——桥梁的由来

桥梁，是人们用来跨越山谷河流的特殊建筑。远古时代，受到鬼斧神工的天生桥、倾倒溪涧的枯木或者悬挂山谷的藤萝启发，人们开始建造桥梁。倒木成桥、一蹴而就的独木桥，投石于水、踏石过河的汀步桥，扭藤折枝、铺木成路的藤桥，桥梁的发展由此开端。悠久繁盛的历史文化，广袤多样的地域山形，使中国出现了跨度不一、造型各异、材质迥然、工艺悬殊的各式桥梁。通过各个历史阶段的发展和积累，中国桥梁由粗至精、自简趋繁，呈现出了一个科技与艺术、历史与人文、自然与社会完美交融的锦绣世界。

江山多娇，桥梁妩媚
——桥梁的类型

一、通达的梁桥

梁桥是古代最普遍，也是最早出现的桥梁类型。把木头或者石梁架设在需要通过的山谷河流之上，就成了梁桥。它结构简单，外形平直，有利于人行过往、牛走耕收，是民间最为常用的一种桥型。北魏郦道元所著《水经注》中记录了山西省汾水上一座始建于春秋时期的木柱木梁桥，桥下有30根柱子，每根柱子直径5尺，这是目前所见古书记载的最早的梁桥。时至汉代，梁桥普及，山东省沂南出土的汉墓画像石上已经刻有石梁桥的图案。发展到唐宋时代，闻名天下的石梁桥不断出现，为人类留下了珍贵的历史遗迹。

二、起伏的拱桥

跟笔直通达的梁桥不同，拱桥在造型上丰富多姿，如驼峰，似满月，起伏变幻，千姿百态。拱桥有单孔和多孔之分，多孔以奇数居多，中孔一般最大，两边孔径依次按比例递减，自然落坡至两岸地面，迎行人上桥。可见，桥孔越高大隆起，越利于桥下通船行舟，这是拱桥相较于梁桥的一大优势。另外，拱桥比例协调、起伏自然，与水面的倒影相映成趣，给人以圆满和谐之感，望之令人赏心悦目。拱桥兴于汉代，现存较早的多为宋代拱桥。

拱桥

三、灵动的索桥

我国西南地区山高谷深，岸陡水急，不适于立柱建桥。而温和的气候使藤竹繁茂坚韧，于是人们就地取材，用竹、藤为骨干相拼悬吊，形成了最初的索桥。据记载，公元前3世纪，四川省境内便已出现竹索桥。由于我国冶铁工业发展较早，至迟到春秋晚期已能锻造铁器，因此战国时期已出现铁链桥。15世纪起，中国索桥随着外交、宗教、商业等各种途径传播到西方。

● 延伸阅读

飞夺泸定桥

1935年5月29日，中央红军红四团组成22人的突击队，在一座仅剩铁索的索桥上与敌人激战两个多小时，最终攻下了被国民党军队占领的索桥，为红军主力部队北上作战铺平了道路。这座索桥位于四川省泸定县大渡河上，河水湍急汹涌，两岸崇山峻岭，仅靠一座桥连接，这就是著名的铁索桥——泸定桥。毛泽东所作《七律·长征》中"大渡桥横铁索寒"一句，描写的就是飞夺泸定桥的壮丽诗篇。泸定桥建于1705年，用13根铁索作为承重索，两岸石砌桥台锚定铁索。全桥净跨100米，造型优美，制作精良，是索桥中的代表。

四川泸定桥

跨越山水，跨越古今
——中国古代四大名桥

一、桥中寿星：赵州桥

在河北省赵县洨河之上，有一座举世闻名的石拱桥——赵州桥。赵州桥又叫安济桥，建于隋代，设计者李春。赵州桥是世界上第一座单孔敞肩式石拱桥。

赵州桥圆弧扁平，在实现大跨度的同时方便上下桥同行，体现了很高的造桥技术。同时，创造性地在桥梁大拱两肩各设两个小拱，将以往桥梁的实心桥肩改为空心桥肩，故称敞肩拱。敞肩拱具有增加泄洪能力、节省材料、减轻桥身自重，提高承载力等优点。拱石纵向连接处通过铁拉杆连接，使拱券成为一个坚实的整体，增加了桥梁的稳定性。另外，河心不立桥墩，石拱跨径长达37米，也是我国桥梁史上的空前创举。

在漫长的世界桥梁史中，赵州桥以超前的技术领先数百年。直到700多年后，法国泰克河上才出现了世界上第二座敞肩式石桥——赛雷桥，但在使用600年后便损坏了。而赵州桥经历多次地震始终屹立不倒，经过数次维修至今还在使用中，堪称世界桥梁建筑的奇迹，更是名副其实的桥中寿星。

赵州桥

二、桥中状元：洛阳桥

洛阳桥，又名万安桥，位于福建省泉州市的洛阳河口，是我国现存年代最早的跨海梁式石桥，建于宋代，设计者蔡襄。

洛阳桥在建造过程中，采用了许多史无前例的科学方法：在桥基下抛填大量石块，形成一条横跨江底的矮石堤，在石堤上建桥墩，是现代桥梁工程中"筏形基础"技术的先驱。用长条石纵横叠砌成船型桥墩，船头尖细，利于分水，且造型优美、结构坚固。在桥墩基础上种殖牡砺，利用其附着力强、繁殖速度快的特点，把桥基和桥墩牢固地胶结成一个整体，这就是在世界桥梁史上由中国人开创先河、把生物学技术应用于桥梁工程的种蛎固基法。另外，利用潮汐涨落，涨潮时运送石梁至指定位置，退潮时石梁随海潮自然降落架设，从而完成桥面铺设任务的浮运架梁法，也被应用于洛阳桥的建设之中。因时而动，顺势而为，中国古人把这一哲学思想巧妙地运用到改造自然的实践之中，可谓高妙绝伦。

洛阳桥的建成是我国古代桥梁建筑史上的伟大创举，也是世界建桥史上的光辉一页，我国著名桥梁专家茅以升教授曾盛赞洛阳桥为"福建桥梁的状元"。

洛阳桥

广济桥

三、桥中仙子：广济桥

广济桥，位于广东省潮州市，始建于南宋，是世界上第一座启闭式桥梁。它的建造历时3个多世纪，寄予和传达了几代人的精神风貌。

不同于其他桥梁，广济桥是集梁桥、拱桥、浮桥于一体的复合式桥梁，这一独特的建筑形式在我国古代建桥史上堪称孤例。广济桥由东西二段石梁桥和中间一段浮桥组合而成，浮桥由18艘木船拼接而成，由于船型如梭，古称梭船。梁桥则由24座桥墩支撑，桥墩亦称洲，因此形成了"十八梭船廿四洲"的独特景观。同时，中间的浮桥可开可合，便于泄洪或通航，成为世界上最早的启闭式桥梁。"一里长桥一里市"，是广济桥令让人神往的另一特色。建在桥墩上的亭屋楼台鳞次栉比，不但能增加桥身重量，增强稳定性，而且茶楼酒肆旌旗招展，可供行人挡风避雨、途中小憩，俨然成为一座充满活力的"桥市"。

烟波浩渺的江水之上，变幻的造型，蜿蜒的楼台，飞翘的亭檐，使广济桥宛若桥中仙子。

四、桥中英雄：卢沟桥

卢沟桥建于金代，位于北京永定河之上，因永定河在清朝康熙年间叫卢沟，故称卢沟桥。由于意大利旅行家马可·波罗在其游记中记载了此桥，因此外国人称其为马可·波罗桥。卢沟桥为11孔石梁桥，全长266.5米，是华北地区最长的古代石桥。

卢沟桥的基础建于坚实的河床上，桥墩还打有木桩。桥墩的形式则为船型，迎水一面砌成尖状，并安装三角形铁柱，以其之尖锐破碎浮冰，保护桥体。卢沟桥桥拱采用纵联式砌券法，使整个拱券成为一体。拱券与桥墩各部分石料之间，使用铁榫加固，坚不可摧。除了在金代便名满天下的"卢沟晓月"美景以及桥上数不清的石狮子之外，卢沟桥之于每个中国人，都代表着一段不可磨灭的历史，使它成为载入史册的桥中英雄。

卢沟桥

青山绿水间，山崖沟壑处，虽然材质各异、形态万千，但每一座桥梁都以"跨越"的姿态呈现于世，或静卧在溪流之上，或横亘于悬崖之间，从古至今，卓然而立。然而，一座座桥梁跨越的，不仅仅是地域和阻隔，还有历史和文化，更有时代的使命和对未来的期许。

第九章

由郑和下西洋说起

·撰稿人／王　爽

1405年7月的一个清晨，江苏省太仓刘家河港口，一只空前庞大的船队收锚扬帆、整装待发，其规模和气势令人叹为观止。甲板上，一位目光坚毅、气度不凡的年轻人肃穆伫立，俯瞰着这支当时世界上最庞大、最先进的船队。在此后的28年间，他以大无畏的精神和超凡的勇气，率领这支船队先后七次出海远航，进行了当时世界上规模最大、航程最远的航海旅行。这是中外航海史上亘古未有的壮举，也是人类拉开大航海时代序幕的象征。他究竟是谁？这支庞大的船队是如何建造起来的？他又缘何能完成如此壮举呢？让我们细细说来吧！

舟船起源

一、腰舟

水上交通工具产生于原始社会的渔猎时期。为了获取生活资料，人们利用葫芦体轻、耐湿、浮力大的特点，将其栓在腰间渡河，形成了人类最早的渡水工具——腰舟。

二、浮囊

当人类饲养牲畜后，在某些地区出现了用牲畜的皮囊制成浮囊作为渡水工具的情况。将

浮囊

《武经总要》中描绘的浮囊

牲畜的整张皮翻剥下来，留一个蹄孔作为充气孔，充气并结扎后，便可以作为浮具使用了。浮囊制作简单，携带方便，曾在我国长江和黄河上游广泛使用。

三、筏

腰舟和浮囊的出现为人类的生产生活提供了便利，但二者有一个共同的缺点：使用浮具的人身体会半浸在水中，人的手足必须用以划水而不能携带物品，而且一个浮具只能供一人使用。随着生产力的发展，人们将若干浮具并排捆扎起来，出现了将人置于水面之上、可供多人乘坐的筏。根据取材不同，有木筏、竹筏、皮筏之分。将许多浮囊编扎在一起就是皮筏，组成皮筏的皮囊少者有6至12个，多者可达500个，其规模和运力

可见一斑。目前，黄河流域仍可体验到这种古老的渡河方式。

四、独木舟

虽然葫芦、浮囊和筏都可以作为渡水工具，但直到独木舟的出现，人类文明史上才出现了第一艘真正意义上的船。

1973年，浙江省余姚市河姆渡新石器时代遗址出土了7000年前的雕花木桨，根据"有舟未必有桨，有桨必定有舟"的说法，专家确定我国独木舟最迟形成于8000年前的新石器时代。2002年，浙江省杭州市跨湖桥遗址出土了8000年前的独木舟，使这一论断得到证实，凸显了中国舟船文化历史的悠久与辉煌。

五、木板船

在相当长的历史时期内，独木舟是最主要的水上交通工具。为了提升舟船的运力，由数段木料拼接而成、在制作时可调整船体大小的木板船应运而生。木板船最晚产生于商代。春秋战国时期，南方已有专门的造船厂——船宫。自此，古人用智慧和勤劳谱写了古代中国造船业和航运业雄踞天下、威震四海的辉煌篇章。

中国古代造船技术四大发明

一、水密隔舱

水密隔舱是用舱壁板把船舱分成多个互不相通的隔舱，若其中一个隔舱进水，其他隔舱不会受到影响，以确保船舶整体的安全。另外，损坏隔舱修补后，船舶依然可以完好如初，继续航行。提高船舶的抗沉性是水密隔舱的最大作用。除此之外，由于舱壁与船壳板紧密连接，有效地固定了船体，增加了船舶的横向强度。

水密隔舱技术是人类造船史上的一项伟大发明，是中华民族对世界造船业的重要贡献，它的出现对提高航海安全起到了革命性作用。中国最迟在唐代开始使用该技术，江苏省如皋市出土的唐代木船设有9个水密隔舱，这是世界上目前已知最早的实物证据。宋元时期，该技术得到广泛应用，泉州湾出土的南宋海船设有13个水密隔舱。而在西方，直至18世纪才开始使用该技术。时至今日，水密隔舱技术在世界造船业仍然受到高度重视，其结构仍是船体结构中的重要组成部分。

明代福船水密隔舱

二、车船

车船出现之前，桨是船舶推进的主要工具。车船将桨片装在轮子周边改为桨轮，一轮叫作一车，因此称为车船。车船通过人力脚踏转轴，使桨轮连续不断划水而推动船体前行，可按船宽安装多组脚踏板，由多人同时踏之，则行船如飞，势不可当，大幅提高了推进效能和船速。

车船使船舶的推进方式有了一个飞跃，达到了半机械化的程度，成为古代船舶人力推进技术的最高水平，堪称现代轮船的始祖。车船发端于晋代，兴盛于宋代，其发明和应用比西方早了1000年，成为中国古代造船技术中的又一项重大发明。

● **延伸阅读**

车船与采石之战

1161年冬，40万金兵抵达采石（今安徽省马鞍山市西南），准备强渡长江，进逼临安。奉命犒军的文官虞允文临危受命，挺身而出，带领区区1.8万名宋军将士浴血奋战。战役之中，宋军的车船发挥了空前强大的战斗力，其"迅驶如飞"的气势和威力，令敌军"相顾骇愕"。不久，金兵溃败而逃。采石之战创下了以1.8万人胜40万人的辉煌战绩，是我国历史上以少胜多的著名战役。这其中，虞允文作为抗金英雄名垂青史，而车船作为宋军的取胜法宝则功不可没。

三、舵

20世纪50年代，在广州一处东汉墓葬中发现了一件距今2000年的陶船明器。该陶船布局合理，功能齐全。最为引人注目的是，船尾有一支原始形态的舵，这是

陶船（复制件）

目前发现的世界上最早的舵。舵是控制和操纵船舶行进方向的工具。在海上活动早期，舟船的航向靠桨操纵，尾部操纵桨的桨叶面积逐渐增大而逐步演变成舵。小小的船舵通过杠杆原理，能使庞大的船体自由转向，在船只行驶过程中起着举足轻重的作用。舵产生于汉代，是中国人对世界造船史的一项重大贡献。

舵

四、硬帆

世界上关于帆的最早记载，出现在古埃及，时间是公元前31世纪。中国上古时代用楫，帆最迟在战国出现，到东汉时技术成熟。经过2000多年的发展，中华帆形成了明显区别于古埃及、阿拉伯等地三角形或方形软帆的，独具特色的矩形和扇形硬帆。

中华硬帆多用竹篾和蒲叶编成，横向结扎成排的竹竿，支撑均匀，坚硬结实，便于折叠和调整角度，以利用侧风。同时，帆架和索具安排巧妙，船员在甲板上就可以操纵帆的升降。而西方的软帆，无论升降都需要船员爬到桅杆上面去操作，效率低下，而且过程危险。

能利用八面来风是中华帆的最大优点。西方软帆在顺风时，船速很快，而一旦风向转变，帆的作用便微乎其微。中华硬帆却可以利用侧向风，甚至斜逆风，通过帆与舵的配合，对来风与水流或迎或拒，走"之"字形航迹，充分利用了八面来风，不减航速，扬帆前行。

中国古代三大船型

一、唐代船舶的代表：沙船

沙船是中国古代最主要的船型之一，发源于长江下游的上海崇明。沙船平底、方头、方艄，具有宽、大、扁、浅的特点，是一种适于在多沙滩航道上行驶的大型平底帆船。

沙船在我国航运史上占有重要地位，自唐代问世以后，一直是我国内河航运的主要船型。清代道光年间，仅上海就有沙船5000艘，全国沙船总数在万艘以上，足见其地位。

二、高大富贵的福船

和沙船一样，福船也是中国古代最主要的船型之一。与沙船不同的是，福船尖底、昂首、翘尾，吃水深，长宽比小，是一种适于在深海远航的大型尖底帆船。福船因在福建沿海建造而得名，因船首两侧有一对凝视深海的船眼而闻名。作为战船使用的福船全船分为4层，下层装土石压舱，二层住兵士，三层是主要操作场所，上层是作战场所，居高临下，弓箭火炮齐发，往往能克敌制胜。福船是中国尖底型海船的典型代表，也是中古时期世界上最先进的船型。

福船模型

三、抗倭战船：广船

广船源自广东，具有头尖、体长、梁拱小的特点，甲板的弧脊不高。广船的横向结构由紧密的肋骨和隔舱板构成，纵向强度则依靠龙骨支撑，形成了坚固耐用、适航性好、续航性强的特点。广船为满足明代东南沿海抗倭的需要而产生，经改良加装了佛郎机后，可抛掷火球，在肃清倭患的战斗中作出了突出贡献。

超前轶后、冠绝古今的壮举
——郑和下西洋

郑和，明朝航海家、外交家。原姓马，名和，后因战功卓著，被明成祖朱棣赐姓郑，改称郑和。他，就是本章开篇提到的那位站在甲板上沉思的年轻人。

在1405至1433年的28年间，郑和以正使太监的身份先后率领船队7次下西洋，遍访东南亚，横跨印度洋，直抵红海，到达非洲东海岸，拜访了30多个国家和地区。与同一时代的西方航海活动相比，郑和下西洋比哥伦布发现美洲早87年，比达·伽马绕过好望角抵达印度早92年，比麦哲伦环球航行早114年。在规模上，郑和船队是当时世界上最庞大的船队，最多时船舶总量达208艘，人数达27800人，其中的大型宝船排水量在10000吨以上，堪称世界上最早的万吨巨轮。这与哥伦布船队3艘船88人、旗舰船排水量250吨，达·伽马船队4艘船170人、旗舰船排水量400吨，麦哲伦船队5艘船265人、旗舰船排水量110吨相比，简直不可同日而语。

宝船是郑和船队中的帅舰，有大、中、小三种型号，共有63艘，其中郑和乘坐的大型宝船体长超过140米，宽度超过50米，堪称"巨无与敌"，是当时世界上最大的船。宝船采用适于远洋航行的福船型，高大如楼，体势巍峨，具有优秀的稳定性和舒适性。甲板上高耸的九桅十二帆，使宝船航行

起来恍若"维绡挂席，际天而行"，在广袤无垠的大海上，乘风破浪，播撒文明。

郑和下西洋的成就，是当时世界上任何其他国家都无法取得的，也是中华民族外交史上的伟大创举，更是中国古代造船和航海技术的一次全面展示。然而，七下西洋既罢，明代的海禁政策使长久雄踞于世界前列的中国古代造船和航海事业戛然而止、一落千丈，甚至逐步陷于屈辱挨打的悲惨境地，

使郑和下西洋成为超前轶后、冠绝古今的千古绝唱。

中华人民共和国成立以后，中国造船和航海事业重整旗鼓，全面发展，经过几代人的努力，中国已经取得了世界第一造船大国的地位。但是，大不等于强，中国距离世界造船强国还有相当的差距。我们有责任沿着祖先的航迹，重新谱写中国造船与航海事业的新篇章。

第十章 奇妙的车辆

·撰稿人／陈 康

现代交通运输在中国的兴起是以1876年中国修建了第一条铁路、1902年进口了第一辆汽车、1906年修建了第一条现代公路为标志。中华人民共和国成立后，随着经济的快速增长和科学技术的不断进步，飞机、火车、汽车、轮船等交通运输工具迅猛发展。现在满街奔跑的都是汽车，人人都可以感受现代化交通的便捷。然而，在漫长的历史长河中，中国古代车辆的发展状况是怎样的呢？殷墟考古发掘的商代车马坑给了我们答案，它是中国境内考古发现的畜力车的最早实物标本。可见，中国古代劳动人民运用聪明智慧，取得了车辆机械创造方面的辉煌成就。

指南车

指南车是中国古代用来指示方向的一种机械装置，与利用磁铁在地球中的磁性效应制成的指南针在原理上截然不同。指南车从外形上看，是一辆双轮独辕车，车内安装有自动离合齿轮定向系统，车上立有一个木头人，一只手臂向前伸直指示方向。行车之前，根据天象将木头人的手臂指向南方，行车后无论车子如何改变行进方向，在车内自动离合齿轮系统的定向作用下，木头人的手臂始终指向南方。

指南车的起源有多种说法，如传说黄帝与蚩尤作战时，蚩尤使法起大雾，黄帝造指南车为士兵领路。文献记载，制造过指南车的有东汉张衡、三国时代的马钧、南齐的祖冲之等。

指南车既是战场上指示方向的机械装置，又是皇帝御驾出行时的一种仪式用车，用以增加皇帝的威仪。

指南车模型

● **延伸阅读**

涿鹿之战

　　相传，在距今约4600年前的河北省涿鹿一带，黄帝部落与蚩尤部落进行了一场大战。战争旷日持久，持续三年，交锋72次，都没有取得胜利。黄帝和炎帝虽然组成联军，但依然不是蚩尤的对手。史书记载，黄帝曾"九战九败"。蚩尤部落凭借其制作铜制兵器的先进技术，铜制兵器精良，士兵勇猛善战，占尽了优势。而黄帝率领的北方部落削木为枪，捆石成斧，很难抵挡蚩尤部落的尖兵利器。此外，天气也一直困扰着处于下风的黄帝和炎帝联军。浓雾、大风和暴雨，经常使得黄帝的军队迷失前进方向。于是，发明具有辨别方向功能的机械装置，成了黄帝部落的当务之急。经过不懈努力，黄帝发明了在战场上指示方向的指南车，凭借指南车在大雾弥漫的战场上指示方向，战胜了蚩尤部落，生擒了蚩尤。

　　这个传说流传很广。事实上，黄帝部落确实与蚩尤部落发生过战争，但指南车是否为当时发明，其形制如何，尚无从考证。

记里鼓车

　　记里鼓车是中国古代用于记录和报告行车里程的机械装置。它是独辕双轮车，利用齿轮机构的差动关系来实现记里功能。它分上、下两层，上层设置一钟，下层设置一鼓。车行驶一里时车上木人敲鼓一次，行驶十里时车上木人敲钟一次，坐在车上的人便由此知道车辆行驶的里程。从它的内部构造来说，其科学原理与现代汽车上的里程表大同小异，所应用的减速齿轮系统已相当复杂，可以说是现代车辆计程仪的先驱，也是减速齿轮及里程表的始祖。

　　相传，记里鼓车最初由张衡制造，但一直以来都没有留下详细记载。《宋史·舆服志》里对记里鼓车的结构有过大体描述。中

记里鼓车模型

国科技馆展出的记里鼓车模型是后人结合史料记载与汉代画像砖中"鼓车"的图型进行复原的产物。

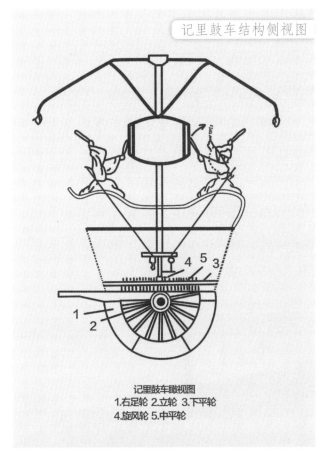

记里鼓车结构侧视图

记里鼓车瞰视图
1.右足轮 2.立轮 3.下平轮
4.旋风轮 5.中平轮

记里鼓车模型

● 延伸阅读

计程车是谁发明的

我们大多数人都有"打的"的经历。出租车因其具有记录里程的功能，也被称为计程车。如果有人问你最早的计程车是谁发明的，你可能会猜是外国人。现代里程表的发明人是18世纪的美国人本杰明·富兰克林，可是他的发明比记里鼓车晚了1600多年。最早的"计程车"是由中国古人发明的记里鼓车。

独轮车

　　独轮车是一个人便可以驾驭的轻便陆地运输工具，俗称手推车。由木制车体及车轮组成，车体的中间只设一个车轮，操作方便，用途广泛。原动力主要是人力，既可一个人在后面用手推动，又可前面一个人拉，后面一个人推动，其运输能力几倍于人力担挑或畜力驮载。由于主要是独轮负载，轻松省力，便于操控，尤其在崎岖的小路上使用更能显示出独轮车轻便、灵活的优越性。

　　独轮车的图形最早见于东汉画像石。三国时期以后，独轮车被广泛使用，是中国历史上延续最久的交通运输工具，现如今在我国广大农村仍有使用。陈毅元帅曾经说过，淮海战役是山东人民用小车推出来的。这里的"小车"就是指独轮车。

独轮车

● 延伸阅读

木牛流马

宋代就有人把木牛流马和独轮车相提并论，如宋真宗时，杨允恭曾建议依照"诸葛亮木牛之制"，用"小车"运送军粮。这里的"小车"就是独轮车。史载，木牛流马是诸葛亮在建兴九年至十二年于北伐时所使用。一般都认为木牛流马是诸葛亮的发明，但也有持不同意见者。有专家认为，"木牛"和"流马"是两种不同的运载工具，分别用于陆地和水运。独轮车开始时被称为"鹿车"，这个名称一直沿用至魏晋。北宋时，在沈括的《梦溪笔谈》中才出现"独轮车""独轮小车"的名称。

舂　车

舂车是中国古代一种行进式的粮食加工机械，将碓置于马车或其他畜力车上，即由立轮轴上装凸轮式拨子，拨动舂杆，边行车边舂米。

舂车于公元333～349年间由解飞和宫廷工匠魏猛变创造。用马或其他畜力拉舂车，免除了人的劳动，而且在行军时加工军粮也节约了时间。

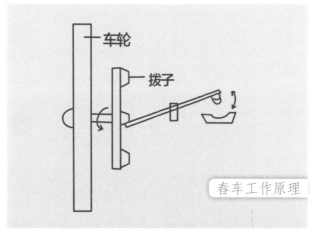

舂车工作原理

舂车模型

磨　车

　　磨车是中国古代一种行进式的粮食加工机械，在马车或其他畜力车轮上附立轮，立轮带动一个平轮，平轮中轴上方装石磨，车轮的转动带动石磨旋转工作，即车行磨转，实现磨面之目的。

　　磨车又叫行军磨，大约出现在南北朝时期，优点是行军、磨面两不耽误，主要是军用。

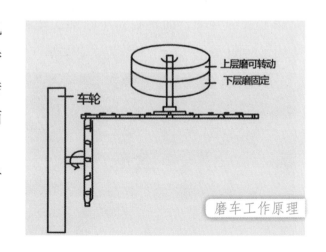

磨车工作原理

圆形石磨

圆形石磨是我国古代劳动人民在粮食加工机械方面的一大发明。相传，磨是鲁班发明的，早期多称为硙（wèi），后来多叫磨，多以人力、畜力、水力驱动。石磨皆分上、下两扇，两扇都是用一定厚度的大石块雕凿成扁圆柱形。磨盘固定架设到相应的高度，下扇固定在磨盘上，并在圆心处加装铁制短立轴；上扇圆心处设有一个和下扇短立轴匹配的套洞，偏圆心处设有贯通磨眼。上、下两扇接触面分别加工出磨齿，磨齿相对，通过短立轴结合。当谷物由磨眼流到磨齿处时，转动上扇，将其磨成粉末，并从上、下两扇磨齿缝隙处流到磨盘上，罗筛后得到面粉。

石磨模型

在中国科技馆"华夏之光"展厅里有一座高大的牌楼，上面镌刻着"岐黄"两个大字。前来参观的一些观众不知其义，甚至读作"黄岐"，以为是一种中药的名字（黄芪）。其实"岐黄"二字，指的是岐伯和黄帝。相传，岐伯是上古时代的名医，曾任黄帝的医官，传世本《黄帝内经》便是以岐伯等与黄帝对话的形式写成。该书是我国现存最早的一部医学典籍，被誉为中国古代医学理论的基石。因此，"岐黄"便成为了中医的代名词。

中国科技馆"岐黄牌楼"

老中医的透视眼
——望、闻、问、切

提起中医，可能大家最先想到的就是老中医，他们通过长年累月的实践积累了大量临床经验，各个身怀绝技。古书云："望而知之谓之神。"意思是指，大夫们只要看到病人，就能清楚地说出疾病的位置、发病的阶段，甚至还能够判断疾病的发展，就好像安了"透视眼"一样，能把病人看穿。实际上，老中医能做到对病人的"透视"，并不是仅仅用眼睛观察，在实际诊疗的过程中是要用"望、闻、问、切"四诊合参才能准确了解病人的情况。

望诊是通过看患者的神态、面色、身体、舌象，以及分泌排泄物的异常变化，而进行诊断。闻诊是通过听患者的声音、呼吸、咳嗽、呃逆、嗳气，甚至是说话时的语调、音色、语速和语气，而进行诊断。问诊

诊脉

是大夫与患者及患者家属沟通的一种方式，大夫通过问患者身体感觉的冷热、出汗的情况、疼痛的部位及方式、二便的情况、睡眠的质量以及月经带下的情况等，而进行诊断。切诊是大夫通过触摸患者脉搏来获取疾病信息的一种诊断方法。

小穴位，大健康
——针灸与按摩

当老中医通过望闻问切把病人的疾病看清楚后，接下来就应该开方子抓药了吧？其实不然，中医在治疗疾病上是讲究顺序的，唐代名医孙思邈提出：由于所有药物在治病的同时都用一定的副作用，大夫通过四诊确诊疾病以后，应该先用食疗、针灸、按摩、拔罐这种毒副作用小、安全方便的方式来治病，如果治不好，再采取中药方剂的手段。

按照中医经络学说，在体表下运行的经络系统是运行气血、联系脏腑和体表及全身各部的通道。而我们常说的穴位，经络学中应该称为腧穴，腧指输送，因此腧穴是在人体脏腑经络上气血输注的特殊部位。通过在经络和穴位上施以相应的刺激，能够调理人体的阴阳平衡和脏腑机能，从而达到治疗疾病的目的。

针灸、按摩都是通过对穴位进行物理刺激的治疗方法，按摩是通过推、按、捏、揉

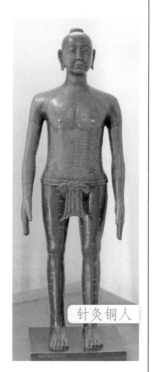

● **延伸阅读**

针灸教学的脑洞大开——针灸铜人

北宋仁宗天圣年间，王惟一设计并主持铸造了两件针灸用的铜人，铜人与真人大小相似，胸腹腔中空，腔内铸有心、肝、脾、肺、肠、胃等内脏，铜人表面铸有经络走向及穴位位置，穴位钻孔。据记载，当考核学生掌握针刺技术的熟练程度时，先在铜人表面涂上一层黄蜡，并将铜人体内灌满水。学生用针扎刺穴位，如果扎得准确，水就会由孔中流出，否则无水流出，以此考定成绩。

针灸铜人

等按摩手法刺激体表穴位。针灸是针法与灸法的总称。针法是一种将针具刺入患者体内对穴位进行刺激的方法。灸法是利用燃烧的艾草在患者体表穴位之上烧灼、熏热，对穴位进行热刺激。针灸有着悠久的历史，古人最早使用砭石来切割肿疡、放血，后逐渐演变成金属制成的"九针"，即《黄帝内经》中所述馋针、圆针、鍉针、锋针、铍针、圆利针、毫针、长针和大针。

菲尔普斯的新"纹身"
——拔罐

了解了针灸按摩，下面我们来看看拔罐。众所周知的"飞鱼"菲尔普斯是世界泳坛的一个奇迹，而就在2016年的奥运会赛场上，菲尔普斯身上一块块印记成为了外国网友们热议的话题，很多网友都认为这是菲尔普斯的新纹身。可是中国的网友们一眼就看出来，这是传统医学"拔火罐"所留下的痕迹。

拔罐，古称"角法"，是一种利用兽角、竹罐、瓶罐为工具，利用加热、燃烧、抽吸等方法排出罐内的空气产生负压，使其吸附于身体体表，造成皮下充血或瘀血，从而调节阴阳平衡、去除病邪毒脓、刺激机体恢复的一种治疗手段。拔罐作为中医常用的治疗手段，其廉价高效的特点深受广大群众的喜爱。

● 延伸阅读

看似可怕的神奇疗法——刮痧

刮痧疗法同针灸、按摩、拔罐一样，是一种以经络学说为基础的安全快速的我国传统特色疗法，虽然看似可怕，但是就像良药苦口一样，这种可怕的疗法却有着神奇的疗效。它借助刮痧工具反复进行刮、挤、揪、捏、刺等方法，使皮肤表面呈痧点、痧斑状态，对体表脉络进行良性刺激，进而达到解表祛邪、开窍醒脑、清热解毒、行气止痛、运脾和胃、化浊祛湿、化瘀散结消瘿等功效。

"尝"出来的医疗数据库
——中药

  中医理论和中药知识都是中华民族几千年来在与疾病抗争的过程中不断积累和总结出来的，而药物的知识更是来源于古人对自然界中的各种植物、动物以及矿物等物质的观察、实验乃至亲自的品尝。通过总结这些经验，中国古人给数千种药物赋予了四气五味、升降沉浮、归经的性质，而且加以利用。

  中药知识是古代医者用生命"尝"出来的医疗数据库。著名的"神农尝百草"的故事就向我们描述了"中华人文始祖"炎帝神农氏为了发现更多更好的药物，冒着生命危险品尝百草，了解药物特点，最后因误尝了剧毒的"断肠草"中毒而死的故事。中国古代医者这种为科学真理和百姓健康不顾个人安危的奉献精神构成了中华民族精神的精髓。

神农尝百草图

延伸阅读

古代中药百科全书——《本草纲目》

明代科学家李时珍历尽艰辛，用27年撰写完成的《本草纲目》有190万余字，共分52卷，收载药物1892种，载入药方11096个，各种动植物、矿物插图1160幅，并在前人的基础上建立了十五部、六十类分类法，创立了药学史上新的科学体系，是我国古代药学典籍中论述最全面、最丰富、最系统的著作，对我国药物学的发展起了重大的作用。

英国著名科学史学家李约瑟在其《中国科学技术史》中称赞李时珍为"中国博物学家中的无冕之王"，并将《本草纲目》推崇为"明代最伟大的科学成就"。

《本草纲目》

古人的体操运动
——八段锦

在本章的最后，为大家介绍一套中国古人日常健身的体操——八段锦。从马王堆西汉墓出土的《导引图》，到2003年国家体育总局发布的"健身气功——八段锦"，健身体操从古至今一直备受推崇，深受人民的喜爱。八段锦共分为八个动作，其动作既优美又有祛病健身的功效，而且不受场地及器具的限制，男女老幼高矮胖瘦都能使用。

八段锦的八个动作分别是，第一段"两手托天理三焦"；第二段"左右开弓似射雕"；第三段"调理脾胃臂单举"；第四段"五劳七伤往后瞧"；第五段"摇头摆尾去心火"；第六段"两手攀足固肾腰"；第七段"攒拳怒目增气力"；第八段"背后七颠百病消"。这八个动作简单易学，而且能够给您的生活带来健康和快乐，各位读者不妨放下书本练练八段锦吧！

从动物身上学来的健身术——五禽戏

在长期的劳动和实践中，人们发现许多动物比人有更强的生命力、更强壮的躯体和更灵巧的身手。于是，人们开始模仿动物的动作特点，发明了仿生类导引术，以此来强健身体。

五禽戏是我国东汉医学家华佗在仿生类导引术发展的基础上，模仿虎、鹿、熊、猿、鸟五种动物的动作及神态，在中医理论的指导下发明的一种体育健身疗法。

第十二章 仰观天象

·撰稿人/李 博

你一定听过后羿射日、嫦娥奔月、牛郎织女的故事。聪明勤劳的中国古人，白天看到太阳东升西落，夜晚看到繁星密布苍穹，必然要思考，那些深邃天宇间的光亮到底是什么？久而久之，古人们不仅创造了源远流长的神话故事，更通过日复一日的观察和记录，总结、创造出独具特色的中国古代宇宙学说。

那么，古人究竟是如何认识和理解宇宙的呢？让我们先从星星的排布说起。

古人眼中的夜空

中国位于地球的北半球，因此，站在中国境内观察夜空，会发现北天极附近的星星常年悬挂在北方地平线的上空，而南天极附近的星星却常年隐藏在南方地平线以下，其他部分的星空则随着一年四季的变化周而复始地不断滚动更替。所以，在古人看来，似乎整个天空在围绕着北天极旋转。于是，古人就把北天极理解为天空的中央。为了便于对群星进行划分，古人便把夜空按照"中央"和"周围"，分成了三垣、四象、二十八宿等不同的区域。

"垣"就是墙的意思，三垣是靠近北天极（这里是古人认为的天空中央）的三个不同的区域，分别叫作紫微垣、太微垣和天市垣，每一个区域内都有能够连成长线的星体，就像一堵堵墙一样。

四象则是三垣周围的四个星空区域，按照东、南、西、北分为东方苍龙、南方朱雀、西方白虎和北方玄武。可能有人要问，既然星空是围绕着北天极周而复始地不断转动的，又怎么能分得出东南西北呢？原来，这个方向划分是以春分那天黄昏时的位置为准的。那一天，苍龙在东，白虎在西，朱雀对着正南方，而玄武则在比北天极更靠北的北方地平线位置。

将四象进一步划分，每一个再分成七个区域，一共可以分成二十八个区域，古人管这些不同的星空区域叫二十八宿。所谓"宿"，就是月亮运行时歇脚的地方。不过，二十八宿中，每一宿占据夜空面积的大小并不一样，所以不能保证月亮每天恰好经过一宿，至于为什么这么划分，还是个谜。

古人给二十八宿也取了名字，它们分别是：

东方七宿是角、亢、氐、房、心、尾、箕；
南方七宿是井、鬼、柳、星、张、翼、轸；
西方七宿是奎、娄、胃、昴、毕、觜、参；
北方七宿是斗、牛、女、虚、危、室、壁。

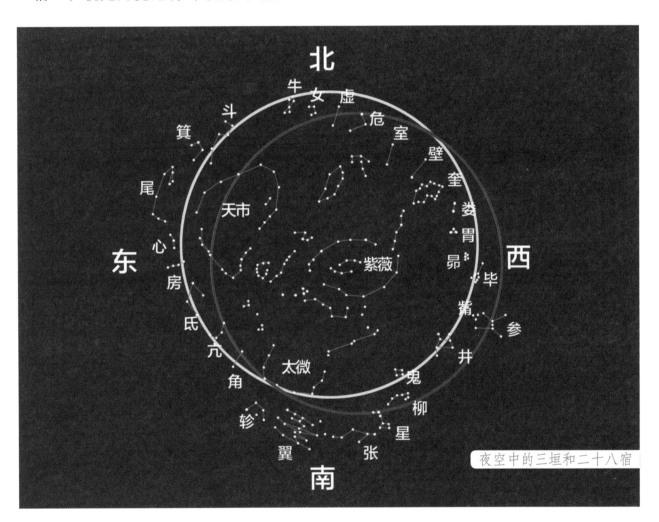

夜空中的三垣和二十八宿

● **延伸阅读**

古代星图

中国古代的天文学家通过观测记录，绘制了用于标示星体位置的星图，如北魏孝昌二年（公元526）绘制的洛阳星图、后晋天福五年（公元940）绘制的敦煌星图、辽天庆六年（公元1116）绘制的宣化星图等。

由于天空看起来呈现半球形，所以最早的星图被绘制成圆形。后来，为了减小低纬度区域星体的投影位置变形，大约在隋代又出现了长条形的"横图"。

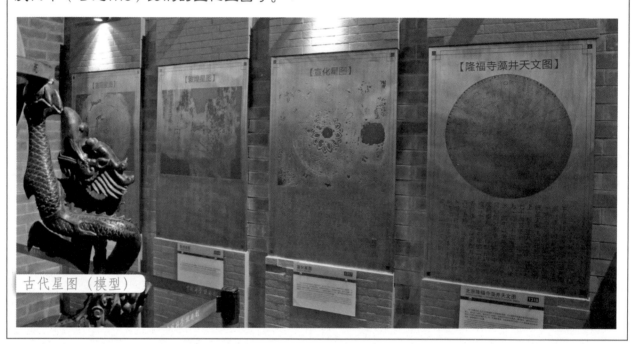

古代星图（模型）

古人的宇宙观

古人不仅绘制了标示星体位置的星图，还发挥想象思考了宇宙的结构和运行规律。

不同的历史阶段，古人对宇宙的理解也不同。这些观点中，最有代表性的有三类。

一、盖天说

这是比较早的一种宇宙观。汉代的《周髀算经》记载了盖天说的发展演化。这种观点认为，天就像一个大盖子，盖在大地上。早期的盖天说认为，天是圆的，地是方的。不过，这种观点有一处明显不合理，就是圆形的天空对方形的地面无法恰好覆盖。后来，盖天说的内容发生了变化，认为天就像一个斗笠，斗笠的尖就是北天极，地则像一个倒扣的盘子，太阳在一年的不同时候，会沿着这个斗笠一样的天空上的不同轨道运行，所以夏天太阳高，冬天太阳低。

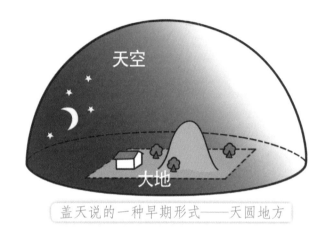

盖天说的一种早期形式——天圆地方

二、浑天说

这种观点将天想象成一个浑圆的大球，地就在这个球的中心漂浮着，这个大球的自转轴北边高、南边低，所以在地上看来，整个天空都围绕着北天极旋转，而南边一部分则常年隐藏在地平线以下，太阳轨道在天球的冬至圈和夏至圈之间变换着位置。显然，与盖天说相比，浑天说能够更精确地解释和推算一些天文现象。自汉代以来，在张衡等一批天文学家的不断努力下，浑天说的影响越来越大，到了唐代，一行和南宫说等人通过计算进一步否定了盖天说，使浑天说成为中国古代的正统天文学说。

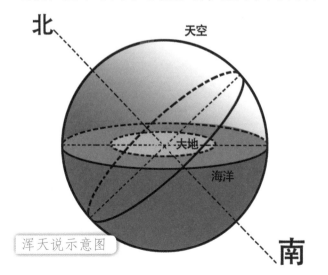

浑天说示意图

三、宣夜说

与前两种学说相比，这种学说的影响较小，但很有特色。宣夜说认为，大地以外都是气体，日月星辰则是一些特殊的发光气体，悬浮在气体的天空中。著名的成语典故"杞人忧天"里对宇宙的描绘，就比较符合宣夜说思想。这种观点的某些方面与现代的宇宙学说是接近的，但缺少精确的数理分析，仍然停留在假想层面。

古代的天文仪器

尽管古人没有望远镜，但他们在观测天象时，也会借助各种仪器，特别是浑天说诞生以后，对天文观测的精度要求越来越高，各种天文仪器也不断产生和演化。天文仪器可以按照用途的不同分成几类。

一、用于天体定位的仪器

无论是绘制精确的星图，还是记录天文现象的发生位置，都需要为天体定位。古人在为天体定位时，会用到各种坐标系。例如，赤道坐标系采用去极度和入宿度两个坐标。去极度，就是天体距离北天极的角度。入宿度，是天体距离西边最近一个星宿的角度，因为星宿是一大片天空区域，所以选择其中的一颗星（称为距星）作为这个坐标的

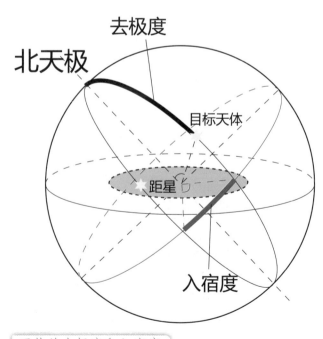

天体的去极度和入宿度

参照物。天体距离距星的经度差就是这个天体的入宿度。

西汉时期出现的浑仪上就包含赤道坐标系。这种仪器上面有若干个可以旋转的圆环，通过圆环旋转，可以把一个叫作窥管的装置对准天空任意位置的星体。只要读出圆环和窥管转过的角度，就知道这个星体的去极度和入宿度了。

除了赤道坐标系，古人也使用地平坐标系、黄道坐标系等。随着浑仪的发展，各种功能需要用到的圆环都被安装在上面，彼此嵌套，遮挡视线，使用起来越来越不方便。元代的天文学家郭守敬对浑仪进行了简化和改进，创制出简仪。简仪把赤道坐标系和地平坐标系分开，安装在一个台座的不同位置，并把赤道环移到了赤道坐标系的底部（地平装置也作了类似改动），因此不再遮

浑仪（模型）

挡视线了。此外，郭守敬还在机械结构上进行了一系列优化。

简仪（模型）

浑仪和简仪可用来观测星星，观测刺眼的太阳则可以使用仰仪，这也是郭守敬创制的一种仪器。仰仪的形状如同一口半球形大锅，大锅的球心位置安装了一个可以转动的璇玑板，上面有小孔，太阳光透过小孔，在大锅上成像。人们观察太阳的像，不但可以知道太阳的位置，还可以追踪日食发生的时刻。

仰仪（模型）

二、演示天象变化的仪器

东汉时期的张衡曾经制作了一架靠水力带动的浑象，这种仪器类似天球仪：天体被标在一个大球体表面，球体可以沿着一个旋转轴自转，随着大球的转动，群星也一起东升西落。宋代的苏颂和韩公廉还制造了一台可以在内部观看的仪器，称为假天仪，它采用中空的球壳，表面按照星体的分布位置打上不同的小孔，人进入其中，观察这些小孔中透进来的微光。当球壳转动时，小孔随着球壳一起转动，如同真实的星空运转一样。

浑象（模型）

三、通过观测天体记录时间的仪器

除了为天体定位和演示天象，古人还会通过观测天体的变化来记录时间，这里面也会用到一些仪器。古人将一根竿子立在地上，通过观察竿子在太阳照耀下竿影的长短、方位等变化，就可以知道一年或一日的大概时间长度，这种靠日影获得时间的方法后来演化出圭表和日晷等仪器。元代郭守敬主持建造的登封观景台，实际上是一个巨大的圭表。它由一座高9.4米的观星台和一道长31.19米的量天尺组成，在阳光的照耀下，观星台上的横梁会在量天尺上留下影子，根据投影位置变化，就可以确定春分、夏至、秋分、冬至等节气的精确时间了。为了避免阳光的衍射使日影模糊，郭守敬还发明了"景符"，利用小孔成像原理获得更加清晰精准的日影位置。

登封观景台（模型）

郭守敬

郭守敬塑像

郭守敬，字若思，元代天文学家、水利专家和数学家。他曾经创制和改进过多种天文设施和仪器，包括高表、仰仪、简仪、玲珑仪等，将中国古代天文仪器制作水平推向一个高峰。他通过实地观测，制订了《授时历》，将一年的长度精确到365.2425日，并使用招差法和弧矢割圆术等数学方法，计算得到日月运行周期和各种天文参数，对中国古代天文观测和历法作出巨大贡献。

尽管在今人看来，古人对宇宙的理解相当朴素原始，但在当时的观测手段和技术条件下，能取得连续、详细的天文记录，仍然是难能可贵的。对天文的研究，推动了历法制订和农业生产的发展。各种设计精巧的天文仪器，还体现了古人在几何学、光学、机械工程等多个领域的聪明才智。所以说，中国古代天文学是先贤们留下的一笔宝贵的智力财富。

> **"**您知道现在几点了吗？"这个问题或许是您在日常生活中最常被人问到也是最容易询问别人的问题。对于现代人来说，回答这个问题很简单，只要低头看看表或是手机上的时钟即可。古代的人回答这个问题可不像现代人这么轻松，他们是怎样做的呢？从原始社会的观天授时到观测日影计时的圭表、日晷，从滴水计时的铜壶滴漏、秤漏、莲花漏到机械钟的先驱——水运仪象台，中国古人的智慧在计时工具发展的历史长河中时时闪耀。下面，让我们一起来回顾一下吧！

立竿见影
——圭表

古时候，人们发现太阳每天都会东升西落，而且太阳会将房屋、树木等树立物体的影子投在地上，影子随太阳的移动不断变化着长短和方位。当太阳刚刚升起和即将落下时，影子最长；当太阳移动到物体正上方时影子最短。后来，古人通过测量一年中正午时分太阳影子的长短变化，确定节令和回归年，并据此制出了圭表。

圭表是中国最古老、最简单的天文仪器之一，周代成书的《周礼》即对此有记载。

圭和表组成了圭表，表是竖立在平地上的一根竿子或石柱，圭是一头与表垂直相连、一头朝向正北方向平放且上有刻度的石板。后来，人们又发明了铜质的和便携的圭表。古人通过测量表影在"圭"上的长度，计量节令时间。

我国现存最早的圭表是1965年在江苏省仪征市出土的一件东汉中叶的铜制圭表，由19.2厘米的圭和34.39厘米的表构成，圭表由枢轴相连，表可平放于匣内，携带方便。

圭表（模型）

一寸光阴一寸金
——赤道式日晷

　　与圭表相同，日晷也是通过测量日影的变化来计量时间，只不过它是通过测量日影方向的变化来确定白天的时间。埃及、中国、希腊和罗马都有使用日晷计时的记载。

　　中国古代多使用的是赤道式日晷，多由铜制的指针和石制的圆盘组成。铜制指针（即"晷针"）垂直穿过圆盘中心，上端指向北天极，下端指向南天极，其作用与圭表中的表的作用相同。石制圆盘（即"晷面"）与赤道面平行，南高北低，安放在石台上。晷面的正反两面刻有子、丑、寅、卯等12个格，代表12个时辰（每个时辰相当于2个小时）。晷面上投射的晷针的影子，会随着太阳自东向西慢慢地从西向东移动。

移动着的晷针影子就像现代钟表上移动的指针，晷面就像是表盘，读出影子对应的时辰即是当时的时辰。每年春分后看盘上面的影子，秋分后看盘下面的影子。

在不同的纬度上使用日晷时，需要适当地调整晷针的倾斜角度，使之与地球的自转轴平行。也就是说，在北半球，晷针的末端须指向天球的北极点；在南半球，晷针的末端须指向天球的南极点。

赤道式日晷

"1刻钟"的由来
——多壶升箭式铜壶滴漏

有太阳的时候可以用日晷计时，夜晚、阴天的时候，古人要如何计时呢？这时候就需要使用滴漏了。在长期使用陶器盛水的过程中，古人发现用久了的陶器会因破损而出现漏水的问题，漏水的时长和漏出的水量之间也有关系。久而久之，古人发现可以用这种办法计量时间。于是，滴漏出现了。

滴漏又称漏壶、漏刻，梁代《漏刻经》记载："漏刻之作，盖肇于轩辕之日，宣乎夏商之代。"由此可见，父系氏族公社时期，滴漏已经出现。先秦时期，滴漏已被广泛使用。那时，最常用的为"一刻之漏"，每漏完一壶水的时间为1刻（古时，一昼夜为100刻，1刻约为今天的14.4分钟）。现代人所说的15分钟为一刻，大致起源于此。

滴漏由盛水的漏壶和刻有时刻的标尺组成。漏壶用于泄水或盛水，前者称为泄水型漏壶，后者称为受水型漏壶。标尺置于壶中，使用时随壶内水位变化而上下运动。最早的滴漏是单只泄水型漏壶，漏壶只有一个，标尺置于其中，随着水面的下降，标尺缓缓下沉从而显示时间。这种壶也被称为"沉箭漏"。但是，这种壶的计时准确度会受到大气压力等的影响，为改善这一问题，古人又研制出了升箭漏。升箭漏由两只漏壶组成，一只为泄水壶，一只为受水壶。

标尺置于受水壶内。受水壶接受泄水壶漏出的水，随着水位上升，标尺上浮。因泄水壶中没有标尺，所以为提升计时准确度可采取措施使泄水壶内水位保持稳定。据此，古人进一步创制出多级滴漏装置，即将多只漏壶上下依次串联成为一组，每只漏壶都依次向其下一只漏壶中滴水。这样一来，对最下端的受水壶来说，其上方的一只泄水壶因为有同样速率的来水补充，壶内水位基本保持恒定，其自身的滴水速度也就能保持均匀。

我国现存最早的多级滴漏是元延佑三年（公元1316年）制造的多壶式滴漏的模型。全组由4个安放在阶梯上的漏壶组成，最上层称日壶，第二层称月壶，第三层称星壶，最底下一层称受水壶。各壶都有铜盖，受水壶铜盖中央插一把铜尺，尺上自下而上刻有12时辰的刻度。铜尺前插一木制浮剑，木剑下端是一块木板，叫浮舟。水由日壶按次沿

多壶升箭式铜壶滴漏模型

龙头滴下，受水壶中的水随时间的推移而逐渐增加，浮剑逐渐上升，从而读出时间。

延伸阅读

可以称量的时间——秤漏、莲花漏

单壶泄水型滴漏在使用时因箭尺上的刻度不同且需要换水，因而容易产生误差。为改善这一问题，北魏的一位名叫李兰的道士发明了秤漏，他巧妙地利用了秤和虹吸原理。秤漏由一只供水壶和一只受水壶（称为权器）组成，水通过供水壶中的虹吸管（即古代的渴乌）被引入权器。秤杆的一端悬挂权器，另一端是挂平衡锤。当流入权器中的水为一升时，重量为一斤，时间为一刻。据测定，秤漏的日误差不大于1分钟。隋朝时，秤漏被皇家采用，之后基本成为官方的主要计时器，直到北宋。

北宋燕肃对滴漏进行了改进，创制了莲花漏。莲花漏由两只供水壶和一只受水壶组

成，用两根渴乌利用虹吸原理依次将供水壶的水吸入受水壶中，使受水壶中的水面保持稳定变化。受水壶上有一块铜制荷叶，叶中为莲花，花心中有饰有莲蓬的刻箭穿出。由于制作简单、计时准确且设计精巧，宋仁宗颁行在全国使用莲花漏。

最早的机械钟
——水运仪象台

机械钟表的发明可以追溯到建于北宋元祐年间、由苏颂主持建造的水运仪象台，距今已有900多年的历史。水运仪象台是一座大型的天文钟，高度近12米，台底7米见方，集计时报时、天文观测和星象显示三项功能于一体，是当时世界上最先进、技术综合程度最高的大型机械装置。

水运仪象台共分三层：顶层为浑仪，用于观测星空，上方的屋形面板在观测时可以揭开；中层为浑象，用于显示星空；底层为动力装置及计时、报时机构，通过齿轮传动系统与浑仪、浑象相连，使这座三层结构的天文装置环环相扣，与天体同步运行。

水运仪象台正面的底层为塔形报时装置，塔的最上层有3个木人，中间绿衣木人每到一刻便击鼓一声，右侧红衣木人每到时初便摇铃一次，左侧紫衣木人每到时正便叩钟一下；最下两层为夜间值更者，举牌显示更点，并敲击金钲通知某个更点已至。整个报时装置共有160多个小木人和钟、鼓、铃、钲四种乐器，不仅可以显示时、刻，还能报昏、旦时刻和夜晚的更点。

水运仪象台以水为动力，但并非只是简单地用水冲击水轮，而是通过精巧的机械设计，利用流量稳定的水流实现等时精度很高的回转运动，进而计时。水运仪象台的杠杆擒纵装置——"天衡"系统，与现代钟表的擒纵器作用相似，被英国的科技史学家李约瑟称为"很可能是欧洲中世纪天文钟的直接祖先"。

水运仪象台模型

第十四章 张衡地动仪

·撰稿人／王 波

顷刻间，地动山摇，数万间房屋倒塌，无数生命被夺去，面对一次次地震灾难，发明一部能够预测地震的仪器，早已经成为人们迫切的需要。公元134年，京城洛阳一处灵台上，一部地动仪的龙嘴突然吐下一颗铜球。根据铜球掉落的方向，官员张衡急忙报告皇上，甘肃方向发生了地震。正当皇上和大臣们疑惑之际，几天后快马来报，消息得到了证实。1800年前张衡制作出地动仪的神奇故事，记载在《后汉书》中。只可惜，地动仪实物早已淹没在历史的长河中。这部世界上最早的测震仪器的内部构造究竟是怎样的呢？它是如何准确测出地震的方位呢？一直成为中外学者争论不休的千年谜团。

世界掀起复原张衡地动仪的热潮

19世纪以来，随着科学技术的进步，人们对地震的研究愈来愈深。由于张衡地动仪是史书记载中最早出现的测震仪器，但是因为历史上千年的战乱及印刷方法落后等原因，张衡地动仪的实物和制作图纸早已消失。出于研究地震的需要，世界各地掀起了一阵复原张衡地动仪的热潮。1875年，日本人服部一三率先把张衡地动仪的文字史料变成了猜想图。1883年，英国人米尔恩通过对张衡地动仪文字史料的研究，提出"悬垂摆理论"。直到1917年，我国学者吕彦直才开始着手复原张衡地动仪的研究工作。一时间，世界各国学者纷纷推出了自己复原的地动仪图纸。

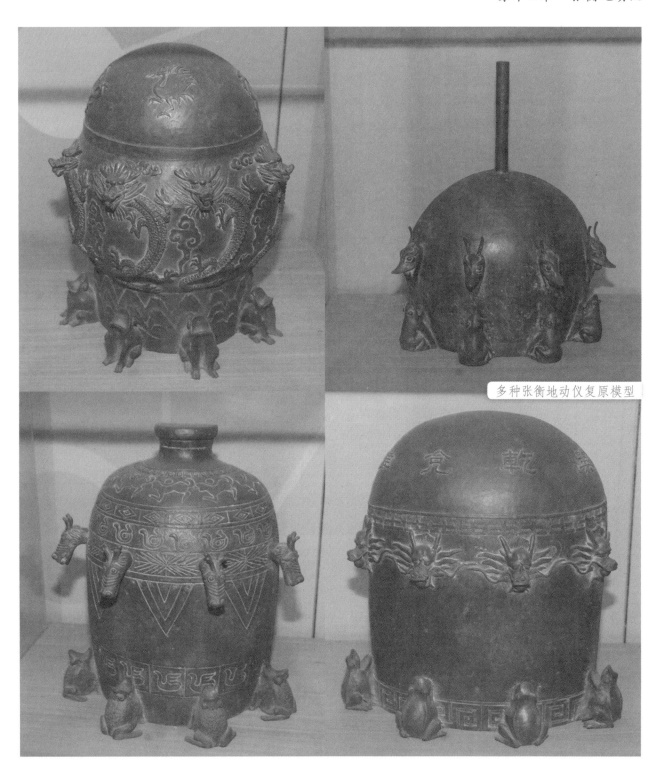

多种张衡地动仪复原模型

世界影响力最大的一部张衡地动仪复原模型

在中国国家博物馆里，收藏着一部张衡地动仪复原模型。它通体金黄，造型精美，八条吐珠飞龙栩栩如生。这是1951年我国著名考古学家王振铎参照《后汉书·张衡传》中关于地动仪196字的描述，采用"倒立柱理论"复原出的。该模型外观像酒樽，底部设有八只张口的金蟾，内部主要由竖立在仪器中央的一根铜柱和周围八个方向的杠杆，以及与杠杆相连的八条飞龙组成。

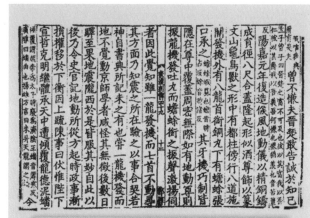

《后汉书·张衡传》中对地动仪的记载

● 延伸阅读

遭到质疑的倒立柱理论

根据倒立柱理论，当地震发生时，铜柱受到冲力便会倾倒而推开一组杠杆，打开外壳上的龙嘴，让铜丸掉落，以报告地震的发生。这种按照倒立柱理论复原的地动仪，能否准确测出地震方位呢？不少学者都表示怀疑。随后，通过地震模拟器检验发现，铜柱并没有倒向地震发生的方向，龙嘴中铜丸也没有落在预期的蟾蜍嘴中。这一检验结果在学术界引起了一场大辩论。奥地利学者雷利伯出版《张衡，科学与宗教》一书，质疑张衡地动仪。而我国著名天文仪器专家胡宁生编写了《张衡地动仪的奥秘》一书，阐述了立柱验震的正确性和可行性。虽然关于倒立柱理论的辩论还未停止，但是有一点不可否认，王振铎是国内将张衡地动仪猜想图变成展览模型的第一人，其复原的地动仪模型在弘扬中国文化和开展国际文化交流方面起到了积极的作用。

进入20世纪70年代，国内连续发生了多次强烈地震。无情的地震灾难更加激发了国内学术界对地震知识的渴求，探索张衡地动仪的奥秘，学习古人智慧，变得迫切起来。张衡地动仪的神奇故事到底是不是真的？有没有科学根据呢？

王振铎复原的候风地动仪

最新研究的张衡地动仪的复原模型

直到2002年，研究终于有了突破，一位名叫冯锐的地震学家一天收到朋友来信，信中有一句科普俗语："地震没地震，抬头看吊灯。"这启迪了他的迷思。冯锐知道地震波是水平移动的，地震时吊灯会随着大地的晃动而摆动。而重物掉落、爆炸等人为产生的地震波是上下移动的，是不会影响到吊灯的。通过吊灯摆动的启示，冯锐决定参考古籍记载，利用如同吊灯的"悬垂摆理论"来复原张衡地动仪。

为了更好地开展复原工作，冯锐与国家地震局、国家博物馆的相关专家组成了张衡地动仪复原课题研究小组。研究小组经过不断研究尝试，最终利用球形物体灵敏的特性，在原有的设计思路上增加了一个新的部分，在悬摆下方设置一颗铜球。新设计出的地动仪主要由五个部分组成：悬挂在地动仪中心的悬摆——柱；悬摆下方的铜球——关；悬摆周围能让铜球滚入的八条倾斜凹槽——道；连接凹槽和龙头的八组杠杆——机；龙嘴中活动的铜球——丸。

经过多方测试，新设计出的地动仪模型顺利通过了地震模拟器检验！冯锐等人的不懈努力使张衡地动仪的复原从展览模型上升到了验震仪器。当然，此方案也存在争议，尚需更多的实证来加以佐证。

研究小组对地震仪传统模型的外形重新进行了研究和设计，认为倒竖状的全龙设计不符合中国青铜文化中处理龙首的传统理念，并根据记载中"八龙首衔铜丸"的解释，把它改为了只有龙头的设计，龙头在造型方面也完全依照最新出土的汉代龙首玉佩来雕刻，同时让传说中代表富贵吉祥的金蟾作为八只器足，背负起整个地动仪，使之更加符合史料中的记载。

冯锐复原的地动仪模型

延伸阅读

冯锐复原张衡地动仪模型的工作原理

研究小组把新制作的地动仪结构模型放在地震模拟器上，在模拟器旁贴上几个弹簧玩具，当模拟人为地震时，可以明显观察到弹簧玩具在上下震动，悬摆和铜球却"无动于衷"。当模拟地震水平运动时，震动刚刚开始，铜球就朝着震动的方向滚去，落入预期通道，撞开机关，龙嘴中铜丸应声掉落。如此灵敏的设计实在令人惊讶！为什么这个新制作出来的模型会成功呢？因为自身的重力作用，悬摆和铜球保持相对静止。人为地震时，产生的波主要是垂直波，对于悬摆和铜球没有影响。一旦地震发生，地震波水平传来，悬摆和铜球就会产生相对运动。

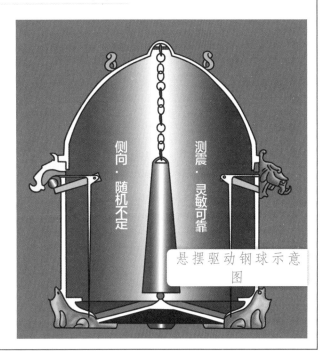

侧向·随机不定　测震·灵敏可靠

悬摆驱动钢球示意图

诞生于东汉时代的张衡地动仪，显示出中国古人在天文、数学、机械、铸造、艺术等方面的杰出成就和智慧。张衡的发明除了地动仪，还有浑天仪、记里鼓车等，被后人称为"科圣"。联合国天文组织为了纪念张衡对人类科学的贡献，将月球背面的一座环形山命名为"张衡山"，将太阳系中1802号小行星命名为"张衡星"。张衡的名字不仅超越了国界，而且铭刻在太空，与日月同辉！

潜望镜
Periscope

西汉时期，淮南王刘安（前179—前122）的门客在《淮南万毕术》中写道："高悬大镜，坐见四邻。"东汉（25-220）末高诱注曰："取大镜高悬，置水盆于其下，则见四邻矣。"大镜和水盆构成的潜望镜是世界上最早的潜望镜。

本展品是根据这段文字复原的。

During the Western Han Dynasty, a guest of the Huainan Emperor LIU An (179 to 122 BC) wrote in *The Ten Thousand Infallible Arts of [the Prince of] Huai-Nan*, "Hang a large mirror high and near neighbors can be seen without moving." At the end of the Eastern Han Dynasty (25-220), GAO You made an explanatory note, "Hang a big mirror high, put a water basin below, near neighbors can be seen." The big mirror and water basin constituted the world's earliest periscope.

This exhibit is made according to this record.

操作指南：
观察水面，能看到什么？

Instructions:
Observe the water surface, what do you see?

第十五章 古人对光的探索

·撰稿人／王洪鹏

古代中国人对光的认识大多脱胎于对自然现象的观察和生活经验的提炼，呈现出以器物为知识的主要载体，通过讨论器物来推进光学知识发展的特点。幸运的是，许多光学知识与实践被历代典籍辗转传抄而流传下来。

墨子与小孔成像

我们经常能在树荫下看到一个个小光斑，而当日偏食出现的时候，圆形的光斑就会变成一个个小月牙，其实这些光斑的形状并不是树叶间缝隙的形状，而是太阳的像。

中国古代科学家对小孔成像现象进行过比较深入的研究，其中，墨子进行了世界上最早的小孔成像的实验，准确解释了小孔成像的光学原理。

墨子是中国古代的思想家、教育家、科学家、军事家和社会活动家，在力学、数学、几何学、光学、声学等领域都有辉煌的成就。

《墨经》中这样记录了小孔成像：

"景到，在午有端，与景长，说在端。"

"景。光之人，照若射，下者之人也高，高者之人也下，足蔽下光，故成景于上，首蔽上光，故成景于下。在远近有端与於光，故景库内也。"

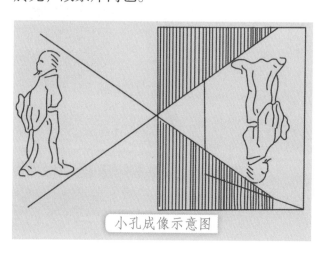

小孔成像示意图

小孔成像示意图展品

这里的"景"是指影像。"到"是倒立的意思。"午"是两束光线正中交叉的意思。"端"是终极、微点的意思。"在午有端"指光线的交叉点，也就是小孔。物体的投影之所以会出现倒像，是因为光沿着直线传播，在小孔的地方，不同方向射来的光线相互交叉形成倒影。在《墨经》中，"库"有专门的定义，即"库，易也"，也就是倒立的意思。

● 延伸阅读

在中国古人对小孔成像的研究中，最能体现物理学实证科学精神的是元代的赵友钦。赵友钦设计了一个特殊的实验室，用来演示小孔成像实验，实验室器具布置、实验步骤、结论及理论分析记述于《革象新书》卷五《小罅光景》之中。所谓"小罅光景"也就是小孔成像。赵友钦通过"小罅光景"，论证了光的直线传播。

潜望镜

　　我国古代一些庙宇的屋檐下，经常倾斜地挂着一面青铜镜子。当有人从山下走上来的时候，古刹里的和尚便会提前知晓。这是怎么一回事呢？打开《淮南万毕术》一书，你就能明白其中的秘密了。

　　《淮南万毕术》记载："高悬大镜，坐见四邻。"东汉高诱注《淮南万毕术》时指出："取大镜高悬，置水盆于其下，则见四邻矣。"这段文字，明确地告诉了我们制作简单潜望镜的方法。

　　刘安，袭父爵位为淮南王，"笃好儒学，兼占候方术"。《淮南万毕术》是刘安及其门客的作品，其中涉及了不少物理和化

《淮南万毕术》中的潜望镜

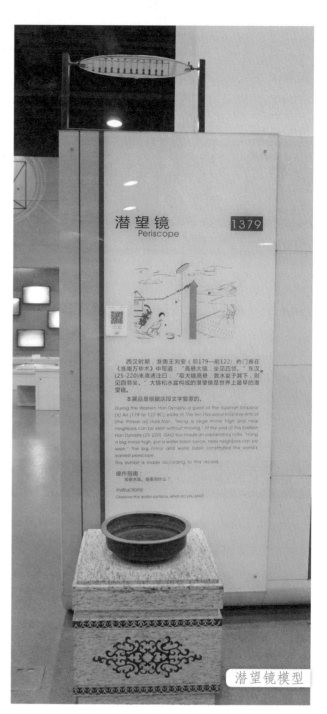

潜望镜模型

学方面的科学知识。

刘安及门客根据平面镜组合反射光线的原理，发明了世界上最早的潜望镜装置。利用潜望镜装置，不出门就可隔墙观察墙外景物，装置虽然简单却影响深远。中国科技馆"华夏之光"展厅的潜望镜展品就是根据《淮南万毕术》的记载而复原的。

潜望镜是指从水面下伸出水面或从低洼坑道伸出地面，用以窥探水面或地面上活动的装置。《淮南万毕术》记载的潜望镜没有"Z"形曲管，是开管潜望镜。

潜望镜利用了平面镜能改变光的传播方向这一性质。简易潜望镜是由装在"Z"形曲管中的两块平面镜组成的。由于两块平面镜相互平行，物体射向第一块平面镜的光线，

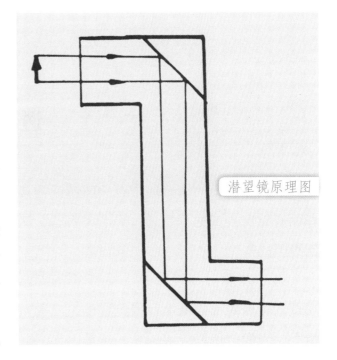

潜望镜原理图

经过反射以后，投射到第二块平面镜上，再经第二块平面镜反射进入人的眼睛。人眼看到的是经过两次反射的正立等大的虚像。

● 延伸阅读

《咏镜诗》

北周文学家庾信是最早将"悬镜"写入诗中的，从而使"悬镜"技术广为流传。庾信在《咏镜诗》写道："玉匣聊开镜，轻灰暂拭尘。光如一片水，影照两边人。月生无有桂，花开不逐春。试挂淮南竹，堪能见四邻。"这首诗说，如果支起一根竹竿，将镜挂于竹竿的顶端，就可以足不出户而看清墙外的景致。

透光镜

上海博物馆的馆藏品中有一面铜镜，其背面有铭文："见日之光，天下大明。"该铜镜因此称为"见日之光"透光镜。

当光线照射到镜面时，镜背的花纹会映现在镜面对面的墙上，因此被称为"透光镜"。青铜之所以能够透光，这是因为铜镜在铸造过程中，镜背花纹图案的凹凸处由于厚度不同，经凝固收缩而产生铸造应力，铸造后经过研磨又产生了压应力，因而形成物理性质上的弹性形变。当研磨到一定程度时，这种弹性形变迭加地发生作用，而使镜面与镜背花纹之间产生相应的曲率，从而具有透光效果。

"见日之光"透光镜

透光镜能够透光的现象，一直以来都受到中国古代学者的关注。沈括、吾衍、方以智和郑复光等中国古代科学家，对透光镜的原理、机制分别作出了一些解释，都有其合理的一面。宋朝科学家沈括是现有文献记载中对透光镜的"透光"原理作出科学分析的第一人。元朝科学家吾衍认为，造成"鉴面隐然有迹"的方法可称为"补铸法"。清朝科学家郑复光认为，"刮磨法"造成了透光镜的"透光"。

第十六章 音乐中的知识

·撰稿人／齐 婧

中华民族的音乐文化有着悠久的历史，据音乐考古发现，中国音乐的历史可以追溯到距今约9000年前。古代的"八音""五声"，再加上指导这些辉煌实践的最根本的理论——乐律等，都是中国古代音乐的璀璨成就。

如果可以，我想你一定愿意回到夏商青铜时代，在帝王宫殿里欣赏气势恢宏的"钟鼓之乐"。幸运的是，今天在中国科技馆的"华夏之光"展厅里，你就能欣赏到这些值得国人骄傲的音乐瑰宝。

战国编钟

编钟兴起于商代西周，盛行于春秋战国直至秦汉，在我国古代乐器中，地位最为高贵，规模最为庞大，制作最为复杂，科技含量最高，音域最为宽广，可谓是中国古代"乐器之王"。

编钟由青铜铸成，是将多个大小不同的扁圆钟按照音调高低的次序排列于巨大的钟架上。钟体小，音调就高，音量也小；钟体大，音调就低，音量也大。乐者用丁字形木锤或长形棒按照乐谱敲打钟体，可以演奏出美妙的乐曲。

迄今发现的数量最多、保存最好、音律最全、气势最宏伟的编钟是曾侯乙编钟，属于战国早期文物，1978年在湖北省随县（今随州市）出土，是中国首批禁止出国（境）展览文物。曾侯乙编钟有3层钟架，由19个钮钟、45个甬钟，再加楚惠王送的1件大傅钟共65件组成。钟架中层的3组甬钟是中高音区，钟的调音精确度高，大小三度双音有机结合，构成充实的音列，负责主奏旋律。

曾侯乙编钟的全音域宽达5个八度，是目前已知最早具有12个半音的乐器，比欧洲十二律键盘乐器的出现要早近2000年。同时，它也是双音钟的代表，每一个扁钟都能发出两个乐音，这两个音恰好是三度关系，可谓神奇。曾侯乙编钟用铜量达5000千克之多，这在世界乐器史上是绝无仅有的。钟上均铸有篆书铭文，共2800余字，其内容反映了战国时期我国乐律学所达到的水平高度。

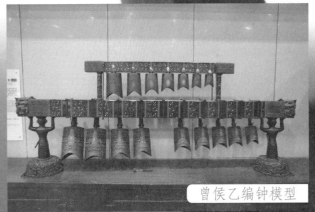

曾侯乙编钟模型

● **延伸阅读**

古代音乐常识

　　五音（五声）：是古代汉族音律，是按五度的相生顺序，从宫音到羽音，依次为宫-商-角-徵-羽，按音高顺序排列，即为DO-Re-Mi-Sol-La。

　　大三度：是指三个音之间的关系，是全音的关系，也就是有两个全音。例如，DO到Mi，因为DO到Re是一个全音的关系，Re到Mi是一个全音的关系，所以DO到Mi便是大三度关系。

　　小三度：是指三个音是按照一个半音再加一个全音而构成。例如，Re到Fa，因为Re到Mi是一个全音的关系，Mi和Fa是一个半音的关系，所以Re和Fa便是小三度关系。

　　大三度和小三度是构成大三和弦与小三和弦的最基本单位。

扁钟与圆钟的区别

钟是中国古代的一种撞击器，通常用于报时、召集人群、发布消息等。最初的钟是陶制的，共鸣体为圆筒形，顶端为圆柱形短柄，后来的钟多用铜、铁等金属铸成，形制上主要有圆钟和扁钟两类。

圆钟是在汉代受印度圆口钟的影响而出现的，在佛寺和钟楼使用居多。演奏圆钟时，余音时间较长，如果遇到节拍急促的地方，余音还会互相干扰，使人分不清音的高低。你知道这是什么原因吗？这是因为钟被敲击时，除了钟整体振动产生基音外，各部分分片振动会发出泛音。圆钟各部分比例相等，呈圆形对称性，因而使产生的泛音不分

主次地混在一起。另外，圆钟只能发出一个音，其基频振动和敲击点无关。

我国商周时期的乐钟大多是扁形钟。演奏扁钟时，会出现"一钟双音"的现象。所谓"一钟双音"，就是当你敲击扁钟的正鼓部和侧鼓部时，会发出两个乐音，一般呈三度关系，这正适合于音乐的演奏。扁钟之所以可以发出双音，在于它的合瓦形状。当敲击扁钟的正鼓部时，侧鼓部的振幅为零，敲击侧鼓部时，正鼓部的振幅为零，再加上扁钟棱阻碍声波的传递，钟声衰减较快，所以余音不长，并且音高明显，如此形成双音共存一体，又不会互相干扰。"一钟双音"是我国古代乐师的一

扁钟与圆钟

项高超技术发明，说明乐师和工匠在音律的设计、钟体几何尺寸与发音机理的掌握、音频测算与调试、音色选定等方面在当时已达到非常高的地步，是一个极为先进的声学首创。

朱载堉与十二平均律

唱歌时，高音唱不上去，很多人就用低8度的音来代替，但并没有不自然的感觉，这是为什么呢？原来，相差8度的两个音频率比是2，是和谐音。我们把研究各乐音之间对应的弦长或它们频率之间的关系的学问称为律学，把规定音阶中各个音的由来及其精确音高的数学方法叫作律制。好的律制，各音之间能够和谐悦耳，还要能够顺利"旋宫"和"转调"。古今中外，各国各民族的音乐律制种类繁多，但完全符合上述要求的律制很晚才出现。

古代用生律法来确立音程。古希腊毕达哥拉斯学派的五度相生律和中国古代的三分损益律本质上相同，都以2/3（弦长比）作为生律因子来推算各律。但据此得到的相隔8度的两个音频率之比不是2，约等于

2.02728，非和谐音，即无法"返宫"；升调或降调后，曲子会出现细微误差，只适合单音演奏。对此，历代律学家一直在努力改进，直到明代朱载堉创制了十二平均律，才彻底解决了这个问题。

朱载堉，明代著名的律学家、历学家、音乐家，是明太祖朱元璋的九世孙。朱载堉一生著述涉及音乐、天文、律法、历法、数学、文学等，主要著作有《操缦古乐谱》《瑟谱》《律吕精义》《律吕正论》《乐律全书》《律吕质疑辨惑》《嘉量算经》《律历融通》《算学新说》《万年历》《历学新说》等。他的著述中闪耀着科学的批判和怀疑精神，闪耀着追求真理、尊重客观事实的科学态度，闪耀着不拘古法、注重实践、敢于开拓创新的学术精神。

朱载堉最早是在《律学新说》中论述十二平均律的，称之为"新法密率"。这是音乐学和音乐物理学的一大革命，也是世界科学史上的重要发明。朱载堉完全放弃三分损益律，借助勾股定理计算出半个8度的音程比为$\sqrt{2}:1$，那么一个8度自然为2，避免了"预设"返宫的责难；然后公比为$\sqrt[12]{2}$的等比数列来划分12个半音。十二等程律圆满解决了返宫难题，相邻各音的音程完全相等，可以顺利"转调"；各音也没有不和谐的感觉，兼顾了和谐悦耳和旋宫转调，极大拓展了乐曲的表现空间。

朱载堉还探索出了多种计算密律的数学方法，包括求解等比数列中位项、算定等程律五度相生因子为$\dfrac{5\times10^8}{749153538}$；他还利用算盘将$\sqrt[12]{2}$准确计算到了小数点后24位。为了证明十二平均律的合理性，朱载堉亲手制作定律器——准，详细叙述了准的形制特点，分别标刻新旧二率的律数。

荷兰数学家斯特芬在约1605年的手稿中提出了十二等程律的计算方法，可惜计算精度不够，弦长数字个别偏差较大。100多年后，德国作曲家巴赫使用修正后的十二律作曲，取得巨大成功。实际上，此律法既非等程律也非平均律。17、18世纪的欧洲流行平均律（中庸律），是将五度相生律的每一个音都减去一个平均差值，实现返宫，但与十二平均律有本质差别。此后，西方才出现了真正的十二平均律。

● **延伸阅读**

朱载堉在数学方面，首创利用珠算进行开平方，研究出数列等式；在计量方面，对累黍定尺、古代货币和度量衡的关系等有极其细密的调查和实物实验；在天文方面，第一次精确计算出明朝首都北京的地理位置（北纬39°56′，东经116°20′），同时开拓新领域，经过仔细观测和计算，最终求出计算回归年长度值的公式。

第十七章 生活中的物理

·撰稿人／魏飞

如果你走进中国科学技术馆"华夏之光"展厅，或许会被这样一种造型古典而别致的灯所吸引，此灯外观为典型的宫灯形状，内衬形形色色的剪纸造型。而最奇特的是，每当宫灯亮起，灯内的剪纸图案竟然也转动起来，进而呈现人马互逐、物换景移的影像。

那么，这是一种什么灯呢？这其中又蕴含怎样的道理呢？让我们就此展开，来探索中国古代先贤在生活中所运用的智慧吧！

回旋的竞逐
——走马灯

原来，上面所说的这种灯就叫作走马灯，也叫"马骑灯"。清末成书的《燕京岁时纪》中曾写道："走马灯者，剪纸为轮，以烛嘘之，则车驰马骤，团团不休。烛灭则顿止矣。"

以一个结构简单的走马灯为例。在一个或方或圆形状的灯笼中，竖起一根长长的铁丝当作立轴，轴的上方安装一组叶轮，叶轮大多是由剪纸组成的。轴上安装一个由十字交叉状的细铁丝组成的机构，在其末端粘贴有各种类似人马的剪纸图形。当灯笼内的蜡烛点燃时，烛火使空气变热，升温后的空气向上流动，推动叶轮转动，进而带动十字交叉机构上的剪纸图形随之转动，而这些图形由于烛火的照映，在灯笼的纸罩上形成影子。从外观看，即成"车驰马骤，团团不休"的影像。

叶轮

立轴

剪纸图案

走马灯

走马灯内部结构

● **延伸阅读**

古籍中记载的走马灯

走马灯的出现远远早于《燕京岁时纪》的成书。早在宋代就有很多记述走马灯或者马骑灯的著作。吴自牧在《梦粱录》中述及南宋京城临安夜市时说："杭城大街，买卖昼夜不绝"，其"春冬，扑卖玉栅小球灯……走马灯……等物。"周密在《武林旧事》中也曾提及："若沙戏影灯，马骑人物、旋转如飞。"而《乾淳岁时记》中也有关于此类灯品的文字。可见，走马灯早在南宋时期就已经极为盛行了。另外，也有不少诗作以走马灯为描写对象。范成大曾以"转影气纵横"的诗句赞美它。姜夔也曾写道："纷纷铁骑小回旋，幻出曹公大战年。若使英雄知底事，不教儿女戏灯前。"

公道杯

觥筹间的戏谑
——公道杯

中国古代宴会离不开酒，主人与宴请的宾客难免会有亲疏远近，因此在斟酒时也就难免厚此薄彼，这对那些喜爱美酒的人来说不免有失公允。然而，有这么一种杯子，你往里倒酒，倒得少自然没有问题，一旦倒得满了，转眼间杯中之酒便会一漏而尽。这种杯子便是公道杯。

我国早在宋代就已出现了公道杯。中国科技馆"华夏之光"展厅内展示的是中间为一寿星造型的铜质公道杯模型，中间的寿星实际上是由两个空心圆柱体嵌套而成，外圆柱体与杯体衔接处有一暗孔，与杯底的孔相连，使之整体形成一个虹吸管，当杯中水位超过虹吸管上部的弯曲处时，就会发生虹吸现象，水就会从杯底的孔流出，直到杯中水流尽为止。西方有一种毕达哥拉斯杯，其原理与公道杯如出一辙。

公道杯剖面图

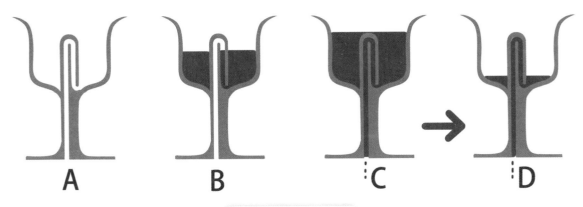

公道杯原理示意图

延伸阅读

虹吸原理

取一根长软管，用液体将其灌满并呈倒U形放置。将其一端的开口置于一盛满液体的容器内，若软管另一端低于该容器的液面，则容器内的液体会通过软管源源不断地流出。这就是虹吸现象。

虹吸现象是由于重力和分子间的粘聚力而产生的。上述装置内，处于最高点的液体由于受到重力的作用要向软管的低端流动，因此在软管内造成了负压，由于负压的作用，导致容器内的液体又被吸至软管内，如此周而复始，高端位置容器内的液体便不断地向低处流动。

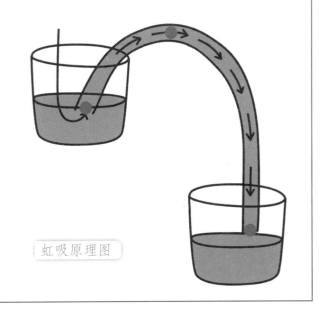

虹吸原理图

倒转的乾坤
——倒灌壶

  1968年，陕西省彬县出土了一件奇特的文物，从外观看去，它呈一个精美的酒壶模样，上下浑然一体，但有壶盖却不能打开。那么问题就来了，既然是一个酒壶，其功能就得是盛放酒水，既然要盛放酒水，那总得有入口，总不能从壶嘴往里灌吧？

  原来，这种壶就叫作倒灌壶，也称倒装壶或倒流壶，是始于宋元时期，流行于明清时期的壶式之一。在壶的底部，有一梅花形状的小开口，使用的时候，须先将壶体倒置，酒水由壶底的小开口注入壶腹，壶内的漏注与梅花小孔衔接，酒水通过漏注流入壶内，利用连通器内液面等高的原理，由中心

的漏注来控制整体的液面，流下时也有同样的隔离装置，使液体在倒置时不致外溢，若发生外溢则表明酒水已经装满。若将壶正置或倾斜倒酒时，由于壶内中心漏注的上孔高于最高液面，底孔也不会漏酒。

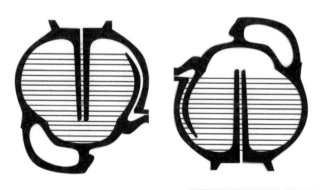

倒灌壶原理示意图

延伸阅读

连通器原理

上端开口、底部互相连通的容器就是连通器。在连通器中注入同一种液体，在液体不流动时，连通器内各容器的液面总是保持在同一水平面上。连通器现象所表现的正是液体压强原理。以最简单的连通器构型U形管为例，在其中注入同一种液体，在U形管的正中间设想有一分隔线，将U形管分成两部分，若两部分的液柱高度相等，根据压强公式$p=\rho g h$（液体压强＝液体密度×重力加速度×液柱高度），可以得出两部分的压强相等，因此液体处于静止状态。而当一端的液体高于另一端时，其压强也要高于另一端，管内的液体就会发生流动，直到液高相等为止。

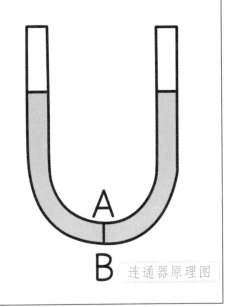

连通器原理图

布衾中的氤氲
——被中香炉

被中香炉是古代智慧结晶之一，又称"香薰炉""被褥香炉""银薰球"，在古代多用于盛放香料和炭火，在我国西汉年间就已见记载，盛行于唐代，并最晚在宋元时期传入西亚。从名字上看，不少人会感到惊讶——那不是香炉吗？怎么能在被子中使用呢？不会引燃被子吗？

不必担心，古人的智慧正是凝结于此。从结构上看，它的内部是由两到三层同心圆环构成的，各层同心圆环彼此靠一组短轴连接，而圆环可以围绕连接它的短轴自由转动，而用于盛放香料的炉体也用同样的方式连接在最内部的圆环上，每组圆环的轴和转动的方向互相垂直，因此，炉体就可以通过圆环在各个维度进行自由转动。而由于重力作用，不论其内部结构

被中香炉

如何转动，炉体的开口总能朝上，使得其内的用来熏香的香料或者用来取暖的炭火都不会倾洒出来。

将一个物体固定于基座之上，无论将基座怎样旋转，要求物体的方向都不会随之变动，这就是被中香炉所运用原理的实质。这种机构伴随着现代科技的发展，具有了很多重要的应用。现代科学与技术领域中应用十分广泛的陀螺仪等仪器所用的万向支架（也称常平支架）就是依据这种原理制成的。

涟漪间的回响
——龙洗

龙洗是一种中国古代的盥洗用具，多是铜制，其形状类似于现在的脸盆，底部是扁平的，盆的边沿左右各有一个把柄，称为双耳。盆底装饰龙纹形状的，称为龙洗；盆底装饰为鱼纹形状的，称为鱼洗。使用时，两手心需要蘸上水，随后有节奏地快速摩擦盆沿的两耳，这样，龙洗就会像受到撞击一样振动起来，洗内水波荡漾，并伴有轰鸣之响。若摩擦得法，甚至可以可喷出水珠。

　　能够喷水的龙（鱼）洗发明于北宋后期，即11世纪下半叶到12世纪上半叶之间。王明清的《挥麈录》中曾写道："……此亦石主所献，有画双鲤存焉，水满则跳跃如生，覆之无它矣……"

　　龙洗的振动是由双手摩擦双耳而产生的振动现象，龙洗振动带动其中的水随之振动，水波与龙洗的侧壁反射回来的反射波相互叠加而形成驻波，随着摩擦速度的增快，振动的频率和振幅相应增加，水的振动就更加激烈。

龙洗模型

● 延伸阅读

驻　波

　　驻波是频率和振幅均相同、振动方向一致、传播方向相反的两列波叠加后形成的波。波在介质中传播运动时，其波形不断地向前推进，故称行波。上述的两列波相互叠加之后，其形成的波形并不向前推进，故称驻波。而两个相邻波节之间的距离就是它的波长。我们日常生活中所能接触到的各类的乐器，如各类打击乐和管弦乐的乐器，它们之所以能够发出声响，就是因为在乐器中产生了驻波。为了使其中的驻波最强，乐器内空气柱的长度必须等于半波长的整数倍。如果没有了驻波，也就没有了各种美妙的音乐。

第十八章　古代数学成就

·撰稿人／程　军

提起中国古代的数学成就，你也许立刻就会想起祖冲之计算的圆周率。其实，我国古代还有许多杰出的数学成就，早在公元前1世纪我国的数学就达到了一定的水平。

算　筹

算筹又称为筹、筹子等，是用来表示数的一些小棍，用竹、木、铁、骨、玉等制成。《汉书·律历志》记载，算筹"径一分，长六寸"，可见汉代的算筹是小圆棍，长约13.8厘米，横截面直径约0.23厘米。后来，算筹有变粗变短的趋势。

算筹是这样来表示数字的：从1到5的数，是几就用几根算筹并排来表示；从6到9的数n，用两部分合成一个符号来表示：用（n-5）根算筹并排表示（n-5），用一根放在上面并与它们垂直的算筹表示5。

要用算筹表示一个多位数，像现在用阿拉伯数字记数一样，把各位数字从左往右横列，并且规定各位数字的筹式要纵横相间，个位、百位、万位等用纵式，十位、千位、十万位等用横式，遇零用空位。这是世界上

用算筹表示数字有纵横两种方式。

用算筹摆出的数表示1748

最早使用的十进位值制的记数体系。

用算筹不仅可以表示任意的自然数，还可以表示分数、负数、方程等。例如，中国古代用红色、黑色（或正放、斜放）的算筹分别表示正数、负数；用不同的位置关系表示特定的数量关系。

中国古人利用算筹能进行加、减、乘、除、开二次到多次方、解方程等各种运算。

春秋末年以前，人们已经利用算筹来计算了。用算筹做乘除都要利用乘法口诀，春秋时期乘法口诀已很流行。

算筹直到宋、元时期都是中国人的主要计算工具，后来传到朝鲜、日本。

● **延伸阅读**

十进位值制记数法

十进位值制是中国人民的一项杰出创造，在世界数学史上有重要意义。

公元前14至11世纪的殷墟甲骨文卜辞中，已用一、二、三、四、五、六、七、八、九、十、百、千、万等13个数字的符号，原则上可以记十万以内的任何自然数。

十进位值制是逢十进位，0、1、2、3、4、5、6、7、8、9这10个数字，因其在前后不同的位置又赋予相应的位置值，这样就可以利用这10个数字表示任意大的整数，同时使整数间的计算变得简便易行。这一创造对数学发展起了关键作用。

十进位值制记数法，以及在此基础上以算筹为工具的各种运算，是中国古人一项极为出色的创造，比其他一些文明发生较早的地区，如古埃及、古希腊和古罗马所用的记数和运算方法要优越得多。

算 盘

算盘又称珠算盘，是中国古代的一个伟大发明。它方便、快捷，继承了算筹的十进位值制记数法而在形式上加以改进。用算盘计算称为珠算。唐代以来基于筹算的捷算方法不断改进，珠算继承和改造了这些方法，形成了便捷实用的珠算法则。

中国唐代已出现了接近于现代形式的算盘，宋元时期珠算渐趋流行。明代商业经济繁荣，对快速计算的需求推动了珠算的推广与普及，珠算逐渐取代了筹算。

现存文献中最早载有算盘图的是明洪武四年（1371年）刊刻的《魁本对相四言杂字》，其形制与现代算盘相同。流行最广、

在历史上起作用最大的珠算书是明代程大位的《直指算法统宗》。《直指算法统宗》不仅在中国，在国外尤其是日本影响也很大。

珠算盘的主要形式是上二珠、下五珠，中间隔横梁。上面二个珠每珠代表5，下面五个珠每珠代表1，每档单用下珠或上珠，或上下珠配合使用。

珠算四则运算是用一套口诀指导拨珠完成。加减法，明代称"上法"和"退法"。乘法所用的"九九"口诀，春秋战国时已在筹算中应用。归除口诀的全部完成则是在元代。

中国珠算从明代以来极为盛行，先后传到日本、朝鲜、越南、泰国等国家。

● 延伸阅读

珠算加法口诀表

珠算产生以后，人们一直在不断进行新的探索和改进，形成了各种大同小异的口诀和算法。下面是现代还在使用的珠算加法口诀（有的与古代稍有出入）。

加几	不进位		进位	
加一	一上一	一下五去四	一去九进一	
加二	二上二	二下五去三	二去八进一	
加三	三上三	三下五去二	三去七进一	
加四	四上四	四下五去一	四去六进一	
加五	五上五		五去五进一	
加六	六上六		六去四进一	六上一去五进一
加七	七上七		七去三进一	七上二去五进一
加八	八上八		八去二进一	八上三去五进一
加九	九上九		九去一进一	九上四去五进一

《九章算术》

　　《九章算术》又称《九章算经》，约编成于公元前1世纪中叶，内容十分丰富，包括了先秦到西汉时期的主要数学成就。全书以表示数学方法的术文为核心内容，以应用问题为载体，采用术文统领应用问题集的形式，形成了与古希腊公理化体系迥然异趣的数学风格。

　　《九章算术》现存版本收有246个数学问题，其中绝大多数题目是生产和生活实践中用到的数学知识的提炼和升华，这些问题依照性质和解法分别隶属于方田、粟米、衰分、少广、商功、均输、盈不足、方程及勾股九章。

　　《九章算术》记录了属于今天算术、代数、几何等初等数学的大量成就，其中不少在世界数学史上有着重要的地位。例如，它记录了全套完整的分数四则运算法则，各种比例算法，完整的盈不足方法，针对多个因素讲求公平的均输方法，完整的开平方和开立方的方法，相当于解线性方程组的方程术以及在方程术中用到的正负数及其四则运则。

《九章算术》是中国现存最重要的古代数学专著，后世的数学家大多是从《九章算术》开始学习和研究数学的。历代有不少人对它做过校注，其中魏晋时刘徽的注释最有名，并与《九章算术》一道流传至今。

《九章算术》在隋唐时期就传入朝鲜、日本，还被译成多种文字。

圆周率

中国古代长期采用3作为圆周率的近似值来粗略计算，西汉末年以后不断有人探求更准确的圆周率，但直到公元3世纪的刘徽才找到具有普遍意义的科学方法。《九章算术》的方田章提出了圆面积等于周长的一半乘以半径的公式。刘徽创立"割圆术"证明了这个公式，并形成了计算圆周率的一般方法。他是通过增加圆的内接多边形的边数来逼近圆，以获得圆周率的精确近似值的。

设S为圆面积，S_n表示圆内接正n边形面积，S_{2n}表示圆内接正$2n$边形面积。

根据不等式$S_{2n} < S < S_{2n}+(S_{2n}-S_n)$，刘徽可以确定圆周率介于哪两个值之间。他从正六角形开始，计算到正一百九十二角形，

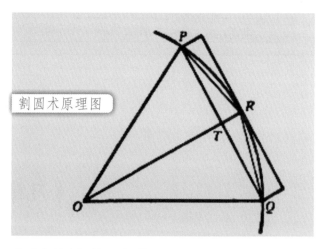

割圆术原理图

求出圆周率的近似值157／50，即3.14。

南北朝时代的祖冲之继续推进，得到两个圆周率：约率22／7和密率355／113，并且确定3.1415926 < π < 3.1415927。3.1415926 < π < 3.1415927是当时世界上最精确的计算结果。

隙积术

垛积术是中国古代的高阶等差级数求和法，是宋元数学的重要分支。垛积术起源于北宋沈括在《梦溪笔谈》中提出的隙积术。那么什么是隙积术？先来看一个例子。

假如现在有一些酒坛，先将30个酒坛在平地上一个挨一个平躺着摆成宽为5个酒坛、长为6个酒坛的长方形；然后在这层酒坛的空隙处放第二层酒坛，则第二层酒坛是宽为4个酒坛、长为5个酒坛的长方形，第二层酒坛的个数是4×5；再在第二层酒坛的空隙处放第三层酒坛，则第三层酒坛是宽为3个酒坛、长为4个酒坛的长方形，第三层酒坛的个数是3×4。

这三层酒坛的个数总共是：S=3×4+4×5+5×6=62（个）。

如果每层酒坛数量很大，层数又很多，计算起来就不这么容易。有没有相应的计算公式呢？沈括对这类问题进行了研究，提出了隙积术。

由坛或罄之类的物体垛积成的上下底面都是长方形的棱台体，其中有空隙，求这个棱台体的物体总数的方法，就是隙积术。设这个棱台体的顶层宽为a个物体，长为b个物体，底层宽为c个物体，长为d个物体，高共有n层，这个棱台体物体总个数为$S=ab+(a+1)(b+1)+\cdots\cdots+[a+(n-1)][b+(n-1)]$。

沈括通过研究得出公式：

$$S=\frac{n}{6}[(2b+d)a+(2d+b)c]+\frac{n}{6}(c-a)$$

后来，杨辉、朱世杰等又提出很多其他形状垛的求和公式，显示了高超的数学水平。

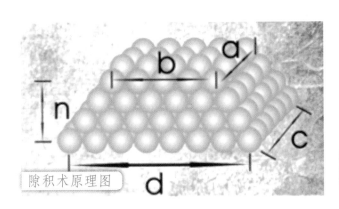

隙积术原理图

由坛状物体垛积成的上下底面都是长方形的棱台体

贾宪三角

贾宪三角

我们知道

$$(a+b)^0=1$$
$$(a+b)^1=a+b$$
$$(a+b)^2=a^2+2ab+b^2$$
$$(a+b)^3=a^3+3a^2b+3ab^2+b^3$$

将二项式 $(a+b)^n$（$n=0,1,2\cdots\cdots$）展开式的系数自上而下摆成的等腰三角形数表，就是贾宪三角。它的每一行中的数字依次表示二项式 $(a+b)^n$（$n=0,1,2\cdots\cdots$）展开式的各行系数。从第三行开始，中间的每个数都是上一行它斜上方（肩上）两个数字之和。北宋贾宪最早使用它。中国古人利用这个三角形数表来开任意次方，并继续发展成更简单、更一般的可以求解一元任意次方程数值解的增乘开方法。

贾宪三角在欧洲被称为帕斯卡三角。

出入相补原理

出入相补原理是指：把一个平面图形或立体图形移动位置，它的面积或体积保持不变；如果把图形分割成若干块，那么它们的面积或体积的和等于原来图形的面积或体积，因而图形移置前后各个面积或体积间的和、差有简单的相等关系。我国在春秋战国时期已广泛应用这一原理来处理几何问题。

一般的多面体可以分解成长方体、堑堵（用一个平面沿长方体斜对两棱切割得到的楔形立体）、阳马（底面为长方形而有一个棱和底面垂直的四棱锥）、鳖臑（四面均为直角三角形的四面体）等规则的几何体进而求得体积。

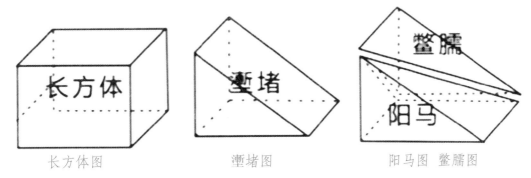

| 长方体图 | 堑堵图 | 阳马图　鳖臑图 |

用堑堵、阳马、鳖臑搭成的几何体

勾股定理

在平面几何学中，有一条关于直角三角形的基本定理，那就是两直角边的平方和等于斜边的平方。在西方，这条定理被称为"毕达哥拉斯定理"。

我国古人也发现了勾股定理，并用自己的方法证明了勾股定理。

据西汉编成的《周髀算经》记载，在西周初年，商高提出了勾股定理的特例——勾三、股四、弦五；大约春秋战国之交的陈子提出了普遍的勾股定理——勾、股的平方相加，再开方便得到弦。约三国时，赵爽在注释《周髀算经》时，在"勾股圆方图"说中，运用出入相补原理，以"弦图"证明了勾股定理："以勾股相乘为朱实二，倍之为朱实四，以勾股之差自相乘为中黄实"。赵爽在"弦图"（以弦为边的正方形）内作四个相等的勾股形，各以正方形的边为弦。赵爽称这四个勾股形面积为"朱实"，称中间的小正方形面积为"黄实"。

设 a、b、c 分别为勾股形的勾、股、

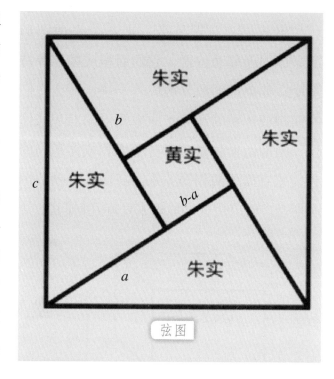

弦图

弦，则一个朱实是 $\frac{1}{2}ab$，四个朱实是 $2ab$，黄实是 $(b-a)^2$。

因为，大正方形面积=4个直角三角形面积+小正方形面积，所以，$c^2=2ab+(b-a)^2=a^2+b^2$

这就证明了勾股定理。

雉兔同笼

约成书于公元4—5世纪的《孙子算经》中有一道题是"雉兔同笼"，题目是这样："今有雉兔同笼，上有三十五头，下有九十四足。问雉兔各几何？"

《孙子算经》还给出了两种解法，其中一种解法是："上置头，下置足，半其足，以头除足，以足除头，即得。"意思是说：先求出雉和兔的脚的总数的一半（94÷2＝47），用雉和兔的头的总数去减总脚数的一半（47－35＝12），就是兔数，再用减得的结果去减总头数（35－12＝23），就是雉数。

因为雉脚数为雉头数的两倍，兔脚数为兔头数的4倍，雉头数的一倍和兔头数的两倍之和就是总脚数的一半，从总脚数的一半中减去总头数（雉头的一倍与兔头的一倍之和）所得到的值就是兔头的一倍的数，也就是兔数；从总头数中减去兔数就得到雉数。

纵横图

什么是纵横图？先来看一个例子。

有9个数字：1、2、3、4、5、6、7、8、9，将它们排成纵横各有3个数的正方形，使每行、每列、每条主对角线上的3个数的和都等于15。这样的排列称为三阶纵横图，也称三阶幻方。

右图这样的排法满足要求。

其中，$15=\frac{1}{2} \times 3 \times (9+1)=\frac{1}{2} \times 3 \times (3^2+1)$。

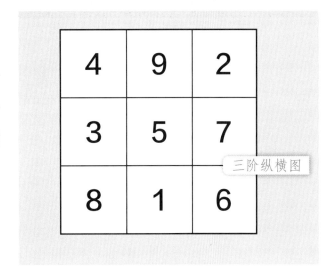

三阶纵横图

同样，如果有1到n^2个自然数，将它们排成纵横各有n个数的正方形，使每行、每列、有时还包括每条主对角线上的n个数的和都等于$\frac{1}{2}n(n^2+1)$，称这样的排列为n阶纵横图，也称n阶幻方。

三阶纵横图相传起源于大禹治水时神龟所负的"洛书"。1977年在安徽省阜阳市双古堆西汉墓中发现了太乙九宫占盘，占盘中间有一个圆盘，圆盘上刻有数字，如果在圆盘中央加上"五"，则这些数字和"五"就构成一个三阶纵横图。约成书于西汉末年的《大戴礼记》中记载了"洛书"数："二九四、七五三、六一八"。北周时已有明确的三阶纵横图。北周甄鸾在对《数术记遗》做注解时写道："九宫者，即二、四为肩，六、八为足，左三右七，戴九履一，五居中央。"这和我们上面填的数字顺序是一样的。

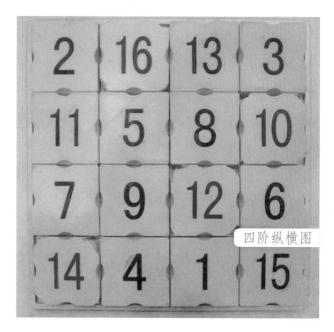

四阶纵横图

纵横图的研究在宋代有很大进展，南宋杨辉《续古摘奇算法》收录了三阶到十阶的纵横图和构造纵横图的一些简单规则，而且有多种变体。"纵横图"的名称也始于《续古摘奇算法》。

纵横图现在仍然是组合数学研究的课题，广义幻方、幻体等都由它推广而来。

● **延伸阅读**

聚六图

《续古摘奇算法》中有一种"聚六图"，是纵横图的一种变体，是将1到36的36个自然数排成六个环，每个环的所有数字的和都是111。

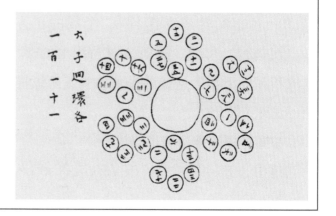

第十九章　好玩的益智玩具

·撰稿人／龙金晶

七巧板、华容道、九连环是带有中国特色的著名益智玩具，李约瑟博士在《中国科学技术史》中称七巧板是"东方最古老的消遣品之一"；日本《数理科学》杂志将以中国华容道为代表的滑块游戏称为"智力游戏界三大不可思议之一"；国外称九连环为"中国环"。它们既有很强的娱乐性，又能够锻炼游玩者的观察力、创造力和动手能力，因此深受世界各国人民的喜爱。

变化无穷的七巧板

七巧板是一种用七块大小不同的直角三角形、平行四边形和矩形拼出形态万千的奇妙图形的游戏。

无论在现代还是在古代，七巧板都是启发幼儿智力的良好伙伴，能够帮助幼儿把实物与形态之间的关系连接起来，来培养幼儿的观察力、想象力、形状分析及创意逻辑。

那么，好玩的七巧板是如何演变来的呢？

宋代有一个叫黄伯思的人发明了"燕几图"，用七张长短不一的方形桌子，来组合成宴会时使用的广狭不同、形式多样的实用桌，并冠以多达68种摆设名目，这成为后世所囊括形状更加多样的七巧板的雏形。明代的戈汕在其基础上发明了"蝶几图"，把斜边引入家具摆放样式之中，以勾股之形，作三角相错形，如蝶翅。该图形有3种样式（即三角形、矩形和平行四边形），桌面共13块，能产生100余种变化。后来发展到清代，有记录称："近又有七巧图，其式五，其数七，其变化之式多至千余。"据此可大致推测出七巧板演变的历史，即由宋代的"燕几图"到明代发展为"蝶几图"，到清代演变成"七巧图"。

除了作为一种实用的拼接家具，"七巧板"作为一种益智游戏开始在明清时期的宫廷中流传开来，深受人们喜爱。可以说，燕几、蝶几、益智图、七巧板等，都是中华民族图形变化思维智慧的产物。

用一副七巧板不仅可以拼出人物、动植物、各类建筑图案，还可以拼出汉字、数字、生活用品等各种各样的图形。

大约在19世纪初，七巧板流传到欧美西方国家，一度被称为"唐图"。有不少西方学者专门对其玩法进行了深入研究，不少有关七巧板的著作问世。19世纪末到20世纪初，美国还有一位计算机专家专门开发了一套七巧板的演变算法和程序。七巧板在欧美国家风靡一时，成为广受人们喜爱的一种世界性的益智玩具。

七巧板的科学依据是平面镶嵌，即用各种图形重复组合排列来填满整个平面。七巧板所使用的主要是正四边形镶嵌，即以直角及直角之半的45°角为特征的正方形、等腰直角三角形为基本图形。由于正方形是能够被单独用来进行平面镶嵌的三种正多边形之一（还有正三角形、正六边形，这几种形状因此常可见于地砖或墙面装饰），它和它的对折图形，边长成1、$\sqrt{2}$、2……等比排列，

且各个角可以以45°的不同倍数为变化，这样就在边角整齐的同时保证了组合的丰富性。它既可以组成一个完整的图案（如初始的正方形），也可以发挥想象力，形成其他生动拟真的图形。

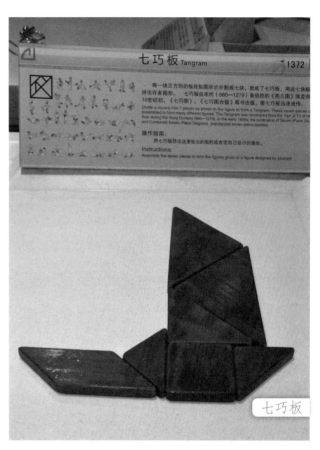

七巧板

奥妙趣味的九连环

九连环是最具代表性的中国传统智力玩具，具有极强的趣味性，不仅能锻炼动脑动手能力，还能培养专注力和耐心，深受各年龄段人们的喜爱。

九连环有着非常悠久的历史，其游戏思维与器物形态的雏形最早可追溯到先秦时代。《战国策·齐策》中曾记载：秦始皇派使臣入齐时，送给齐国王后一个玉连环，并以解开玉连环来刁难齐国君臣，来彰显秦国的强大。这里提到的玉连环可能只是相互套叠的两枚玉环。虽然与现在的九连环游戏还存在较大差异，但是因为在形制上环环相扣，并要求寻求巧妙的方法来打开闭合的链条，因此被视为九连环的雏形。此外，中国源远流长的锁文化也有可能为九连环的发明提供了技术知识方面的基础。

宋朝以后，九连环游戏开始广为流传，对于九连环的记载也越来越多。宋代周邦彦在《解连环》词中，就有"信妙手，能解连环"的记载。在南宋《西湖老人繁胜录》中，也提到市场上有"解玉板"卖，这种解玉板据说就是最早的连环玩具。明代杨慎在《丹铅总录》中也记

载，以玉石为材料制成两个互贯的圆环，"两环互相贯为一，得其关捩，解之为二，又合而为一"。他所说的"两环"解合的过程与九连环的套解极其相似。

九连环主要由九个圆环及框架组成。每一个圆环上都连有一个直杆，九个直杆的另一端相对固定。玩九连环时，要想办法把九个圆环全部从框架上解下来或套上去。九连环的玩法虽然比较复杂，但是只要找出规律，并且遵循一定的规则来解套，就能发现其中奥妙无穷、乐趣多多。

解九连环主要应用了数学中"递归"的思路和方法，即通过用同一种程序进行反复更迭还原，回归到最简单的问题。为了解下第n只环，往往需要先退回一步，将已经解下来的第$n-1$只环装回去。

九连环环环相扣，趣味无穷。解九连环的过程需要分析与综合相结合，不断进行推理和思考，解环的过程极度需要耐心，要冷静分析、不急不躁。玩的过程也是对为人处世哲学的一种参悟：在解决世间难题时，有时要"以退为进"；为了实现一个全局目标，在某个具体步骤上采取退让甚至牺牲的

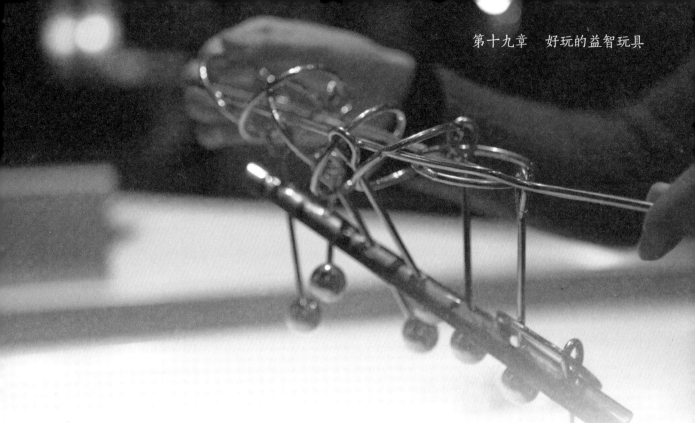

做法是非常必要的。

　　九连环的各种玩法很多，但只是思维方法的不同，其过程是一样的。19世纪瑞士数学家格罗斯曼经过运算，证明解开九连环至少需要341步。发展至今，九连环游戏慢慢演变出了多种类型，目前连环类玩具的种类至少在1000种以上。

● **延伸阅读**

　　在明清时期，上至士大夫，下至贩夫走卒，大家都很喜欢它。历史上，很多著名文学作品都提到过九连环，如托名为西汉才女、辞赋家司马相如之妻卓文君的数字诗中曾提及九连环："八行书无可传，九连环从中折断，十里长亭望眼欲穿；百思想，千怀念，万般无奈把郎怨。"（有学者认为这是元代作品）《红楼梦》中也有林黛玉巧解九连环的记载。

不可思议的华容道游戏

华容道游戏属于滑块类游戏，就是在一定范围内按照一定条件移动一些称作"块"的东西，在滑动过程中不得减少块的数量，最后满足一定的图形组合要求。

滑块类游戏有可靠记载的历史始于19世纪西方的"滑十五"游戏，后来世界各国均根据其历史文化对游戏外观有所变化。华容道类滑块游戏的发明据记载是在20世纪初，但是其借用了三国时期的典故，具有浓厚的中国特色。

华容道游戏是由一个20个方格的棋盘构成的，棋盘上有10颗棋子，分别代表曹操（占4个空格），赵云、关羽、张飞、马超、黄忠五员大将（各占2个空格），4个士兵（各占1个空格），还有2个方格空着。华容道游戏的玩法如下：通过两个空格移动棋子，用最少的步数把曹操移出棋盘。

华容道游戏看似简单，但是真正参透其中的奥妙却不是一件容易的事情。许多人废寝忘食，最终目的就是把移动的步数减到最少。经过多年的研究和实战经验，人们最终发现，华容道的最快走法依最初布局而定，不同的布局决定了最后的行动步数如最经典的"横刀立马"布局最终解法是81步，而最难的"峰回路转"布局需要至少138步。

华容道游戏

华容道的由来

华容道之名源自中国古代的一个地名，据考证，该地方位于现湖北省荆州市监利县城以北约60里的古华容县城内（一说在现湖南省华容县境内）。华容道游戏取自著名的三国故事，曹操在赤壁大战中被刘备和孙权的联军打败，被迫退逃到华容道，又遇上诸葛亮的伏兵，关羽为了报答曹操对他的恩情，明逼实让，终于帮助曹操逃出了华容道。游戏就是依照"曹瞒兵败走华容，正与关公狭路逢。只为当初恩义重，放开金锁走蛟龙"这一故事情节编创的。

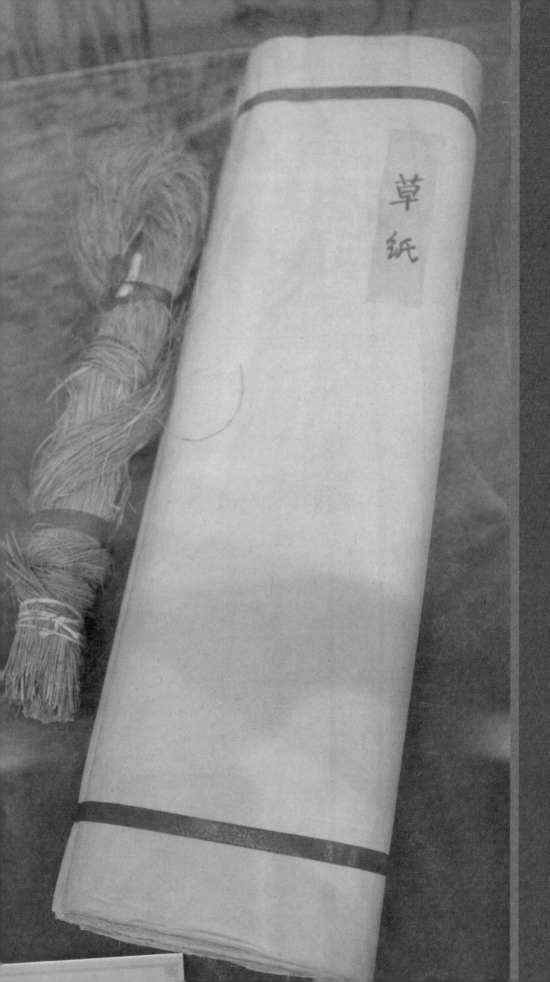

草纸

第二十章 造纸术

·撰稿人/刘 巍

让我们来开一个脑洞吧，假设你能完整地背下我们这本书，再用时光机把你送到造纸术发明前的时代，同时交给你一个任务——默写本书内容，使之流传后世，那么你会怎么办呢？

无纸时代

要解决上面这个问题，你除了要知道穿越的时间坐标，还需要知道空间坐标。

如果是回到公元前4000年两河流域文明时期的苏美尔人那里，那你就可以用写满楔形文字的泥版来流传这本书，不过写好后请尽量埋在寺庙里，这样以后被发掘出来的几率会比较大。

如果穿越到了公元前3000年的埃及，那你可以把黏乎乎的莎草剖开，再压平连接成"莎草纸"，然后用削尖的芦苇笔在上面书写。需要注意的是，虽然叫"纸"，但其实并不是纸，因为"纸"是由植物纤维制成的薄片，"在造纸过程中植物原料不但经历了外观形态上的物理变化，还经历了组成结构上的化学变化，原料的纤维分子间是靠氢键缔合的"，而埃及人的"莎草纸"显然没有做到这一点，上面还可以看到清晰的植物经纬纹路，所以不能被称为"纸"。

除了写在"草"上，你还可以把文字写在宽阔的棕榈树叶子上，写好后在每片叶子上打孔，再用绳子把它们穿起来。当然，这么做的前提是时光机把你送到了公元8世纪的古代印度。古印度人通常用这种方式书写佛经，这就是贝叶经。

你要是被送到了公元前282年～前129年位于土耳其的帕加马呢？那么恭喜你，你终

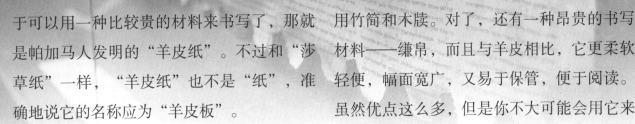

写在羊皮卷上的"死海古卷"

于可以用一种比较贵的材料来书写了，那就是帕加马人发明的"羊皮纸"。不过和"莎草纸"一样，"羊皮纸"也不是"纸"，准确地说它的名称应为"羊皮板"。

也许你会问，要是我穿越到了古代中国呢？那你的选择余地可不小，在殷商时可以用龟甲、兽骨、青铜器，在战国、秦汉可以用竹简和木牍。对了，还有一种昂贵的书写材料——缣帛，而且与羊皮相比，它更柔软轻便，幅面宽广，又易于保管，便于阅读。虽然优点这么多，但是你不大可能会用它来书写本书内容，因为实在太贵了，一匹丝绢的价格可以买400多千克大米，很可能你还没写完，就已经破产了。

刻在甲骨片上的甲骨文

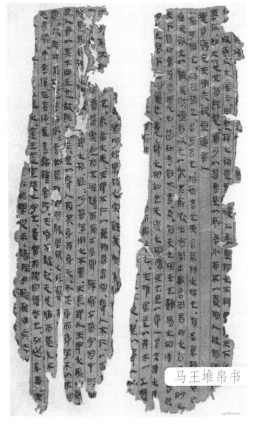

马王堆帛书

这些书写材料要么太重（如泥板、竹简），要么太贵（如羊皮、缣帛），要么对保存环境要求高（如"莎草纸"在潮湿的环境下很容易长霉），所以你在造纸术发明之前想要很好地完成这项任务，真不是一件容易的事。但是，当轻巧、廉价的纸诞生，情况就大大不同了。

神奇纸，中国造

也许很多人会认为我们的造纸术是在东汉由蔡伦发明的，其实不然。考古证据表明，中国人早在公元前2世纪的西汉时期，就造出了以麻为原料的纸。而根据公元2世纪的《风俗通义》明确记载，东汉初，光武帝刘秀从长安迁都洛阳时"载素、简、纸经凡二千辆"，这表明至迟在西汉末年，除简、帛外，政府也已经使用纸张来书写文件档案。

那么，东汉蔡伦的贡献是什么呢？蔡伦使用麻头、树皮、敝布、鱼网等废旧材料，并使用了反复春捣、沤制脱胶、强碱蒸煮等工序，改进了西汉以来的造纸术，扩大了造纸原料范围，实现了造纸史上的一项重要突破。1974年，考古学家在甘肃省武威市旱滩坡发掘出了一些东汉纸张残片，经科学分析表明，此时的纸在工艺上与前代相比已有很大进步。

东汉以后，以麻造纸的技术发展得更为成熟。但是，由于麻类植物的纤维较粗，春捣时不易弄断，所以成品纸上容易留有"麻筋"，影响品质，与树皮和竹料相比成本又较高，因此在隋唐时期，藤皮、楮树皮、桑树皮和竹子等逐渐取代麻类植物成为造纸的主要原料，用它们造的纸被称为皮纸和竹纸。

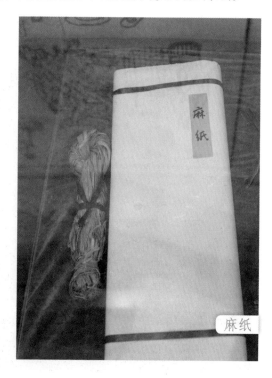

麻纸

那些年我们剥过的皮

为了造纸，我们剥过好多植物的皮。比如，东汉时虽然造纸的主要原料是麻，不过也出现了以楮树皮为原料的纸。楮树即构树，也称穀，是桑科落叶乔木，三年就可长成。它的纤维又短又细，容易捣烂，所以抄出的纸更加均匀，尤其是隋唐以后，造纸工艺非常成熟，楮树皮纸以其细、白、软、薄的特点而颇受书画家喜爱。

除了楮树外，勤劳的中国人民还剥过桑树皮和藤皮来造纸。

中国人最初对桑树的利用是养蚕取丝，大概是在魏晋时期，发现桑树皮也可以造纸，于是桑树也就被加入了我们的剥皮名单。桑皮纸既绵且韧，抗折抗拉，成纸上还能看出较为清晰的直纹纹理。

藤皮造纸则始于晋代。在浙江省嵊县剡溪一带最先开始用野生的藤皮造纸，这就是非常有名的"剡藤纸"。多种文献记载，藤纸在唐代达到全盛，被选为贡纸。皇帝爱用它，官员写公文爱用它，诗人画家爱用它，甚至对喝茶有讲究的人也爱用它（陆羽在《茶经》里就说过，用藤皮纸做的纸袋装茶叶可以更好地留住茶香）。这么多人爱用而带来的后果就是——由于野生藤长得慢，满足不了那么多的需求，所以藤都快被砍光了。这真是一个悲伤的故事。

当然，除了这些主流的"皮"，在唐代我们也剥过一些非主流的"皮"，如沉香、白瑞香、月桂等。

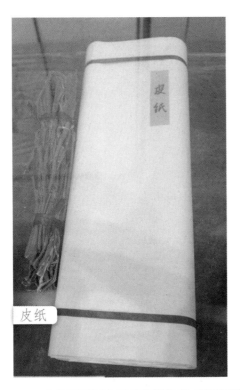

皮纸

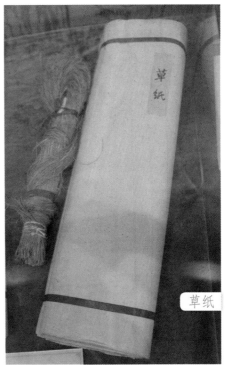

草纸

竹香幽幽纸绵长

树皮、藤皮做纸的质量很好，但是树和藤长得慢，那能用长得很快的植物来造纸吗？答案是可以，就是竹子。由于学者们还没有定论，所以我们砍竹造纸的历史可能起于晋代，也可能起于唐代，不过不论起于何时，在宋代时已经可以见到较多竹纸，但它们质量一般，主要体现在没有使用漂白工序，所以呈现浅黄色；韧性也差，容易折断；外观粗糙，纸上还可看到未捣碎的竹纤维。

这些缺点直到明代中期才因为造纸技术的进步而被克服。明代宋应星在《天工开物·杀青》中完整记录了明代福建竹纸从选竹到烘纸的生产过程。

每年芒种时上山砍竹，选快长出竹叶的嫩竹，砍下的竹子放在水塘中浸泡100天，然后去掉竹子表面的粗壳与青皮，得到看上去像麻纤维的竹穰，也就是"竹麻"，再把竹麻放进装有石灰水的桶里煮上8天8夜。

竹麻煮好后，放到水塘中漂洗干净。漂好的竹麻整齐垒放在装有柴灰浆液的大桶中，封好口，放在火上蒸煮。中间还需要多次把竹麻互换上下层的位置，淋上热灰浆，然后接着蒸煮，煮个十几天，就可以拿出来舂捣了。

将竹麻捣成面粉状拿出，放进纸槽，加清水。这个时候还需要在纸槽中加入一种神奇的"调料"，加了它才能解决宋代竹纸韧性差、容易折断的缺点，这就是——纸药。

竹纸

它是用新鲜杨桃藤枝条浸制的黏液，制好后把它按照一定比例加入纸浆中。纸药的作用有两个，一是可以让纸浆中的纤维悬浮并均匀分布，这样才能抄出质地均匀的纸；二是它能防止抄出来的纸互相粘连，让每一张纸在抄好后可以顺利分开。

纸浆配好后就是抄纸了。这个工序的技术含量很高，没有几年的训练，是抄不出质地均匀的好纸的。

抄好的纸压去多余水分，再分开，然后上火墙烘烤，干燥后揭下，竹纸就造好了。

防虫印花巧思量

当造纸的基本技术发展得比较稳定后，人们便开始对纸的外观进行加工，以满足不同需要。

潢纸，又称"黄纸"，是把纸浸在黄檗溶液中，然后晾干而成。黄檗为芸香科植物，色香，并且富含小檗碱。这种生物碱是黄檗染料的主要成分，具有良好的杀虫抑菌的效果。所以用"潢纸"制书，不易被虫蛀。虽然有人提出制造潢纸的技术源于汉代，不过这点还缺乏足够证据。但可以肯定的是，在两晋南北朝时期，这种技术已经存在，并有了较大发展。

暗花纸，因纸上有暗花图案而得名，可以通过两种手段实现纸上暗花，其一是砑花技术，其二是"水印"技术。砑花技术由唐代工匠发明，是用刻有某种图案、花纹的阳模压印纸面，压印处纸纤维紧密，与周围原状态的纤维在透光性方面形成明显反差，由此取得暗花效果。砑花技术在宋代发展得更为精致。现藏于北京故宫博物院的米芾的《韩马帖》就是在砑花纸上所作，纸面呈现出了精美的云中楼阁图案。"水印"技术有可能起于唐代，五代至北宋时期已被人成熟使用。人们在抄纸的竹帘上预先用丝线编好图案，这样在抄纸时编有图案的地方所附着的植物纤维会较少，因此透光性较强，从而形成漂亮的水印花纹。这样的纸即便没有经过书画家的挥毫创作，也可堪称艺术品。

中国的纸中上品是宣纸。一般认为它始于唐代，产于宣州泾县，所以得名"宣纸"。它以青檀皮为主要原料，以沙田稻草为主要配料，以猕猴桃藤汁为药料在泾县特

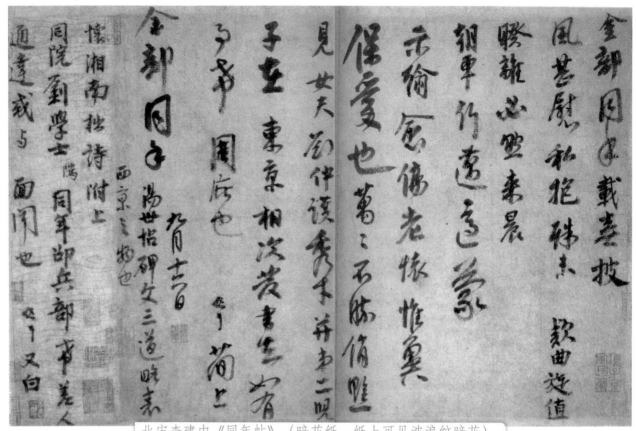

北宋李建中《同年帖》（暗花纸，纸上可见波浪纹暗花）

定的气候环境下才能生产出来。宣纸不但光、韧、细、白，耐存少蛀，而且由于独特的渗透及润滑性能，能使书画家的作品墨色分层，纹理清晰，从而更有表现力。

中国人不会想到，他们用麻、树皮、破布等原料制成的被称为"纸"的东西会在公元8世纪之后由阿拉伯人传播到世界各地。这种轻薄的文字载体从此让文化传播和交流变得更加迅捷，同时为艺术家的书画创作提供了更宽广的空间，让更多艺术瑰宝流传至今，使我们可以欣赏到它们历经历史沉淀后的美。

第二十一章 印刷术

·撰稿人／刘 怡

纸是一种优质、轻便、价廉的书写材料，造纸术的普及促进了书籍的发展。在印刷术发明前的漫长岁月里，书籍主要通过手工抄写来复制，但这种方式需要较多的人力和时间，且容易抄错，在一定程度上阻碍了文化的发展。

那么，有没有什么办法能够更加方便灵活、省时省力，又能够克服手抄书的这些缺点呢？

当然有！勤劳智慧的中国人民经过长期实践和研究，创造了改变世界的四大发明之——印刷术。

印刷术的前驱技术
——印章和拓石

中国的印章起源很早，河南省安阳市曾出土商代的青铜阳文印章，那时候还没有纸，日常的公文或书信只能写在简牍上。那么，怎么判断这封公文或书信没有被别人随便打开看过呢？

聪明的古代人用绳扎好简牍，用泥封好，把印章盖在泥上，从而起到保密的目的。在纸出现了之后，人们改进了这种保密的方法，在公文纸或公文袋的封口处盖上印章。直到现在，很多单位还沿用这种方法对公文进行保密呢。其实，北齐时的人们把原本很小的印章做得很大，已经很像一块小号的雕刻版了。

在中国科技馆的"华夏之光"展厅，你能体验到拓印这项技艺。拓印是将器物表面的凸凹图文或石刻文字，用大小合适的宣纸盖上，轻轻润湿，然后用毛刷轻轻敲打，等纸张干燥后，用刷子蘸墨，使墨均匀地涂于纸上，最后把纸揭下来，一张拓片就完工了。拓印是印刷术产生的重要技术条件之一，在隋代已很发达。

是技术，更是艺术
——雕版印刷流程

大约在公元7世纪的隋末唐初，人们根据刻印章的原理，发明了雕版印刷术。

雕版印刷的工艺流程极为复杂，共有20多道工序，包括写版、上样、刻版、刷印、装订等主要步骤。

雕版印刷技艺是运用刀具在木板上雕刻文字或图案，再用墨、纸、绢等材料刷印、装订成书籍的一种特殊技艺，开创了人类史上复印技术的先河，在世界文化传播史上发挥着无与伦比的重要作用。

雕版印刷术在唐朝时期出现，早期多用于民间印刷佛像、经咒、发愿文以及历书等。公元824年，元稹为白居易诗集作序，说道："二十年间，禁省、观寺、邮候墙壁之上无不书，王公、妾妇、牛童、马走之口无不道。至于缮写模勒，炫卖于市井，或持之以交酒茗者，处处皆是。"模勒即模刻，持交酒茗则是拿着白诗印本去换茶换酒。公元835年前后，四川省和江苏省北部地方民间都曾"以板印历日"，拿到市场上去出卖。公元883年，成都地区的书肆中能看到一些"阴阳杂记占梦相宅九宫五纬之流"的

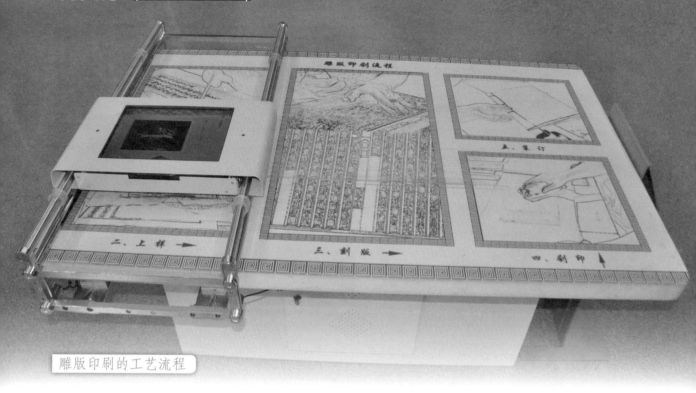

雕版印刷的工艺流程

书，"字书小学""率皆雕版印纸"……这说明，在唐朝的中后期，雕版印刷已经成为大众普及文化的一种重要媒介。

五代时期，不仅民间盛行刻书，政府也大规模刻印儒家书籍。

宋代时，虽然发明了活字印刷术，但是普遍使用的仍然是雕版印刷术。雕版印刷技术更加发达，技术臻于完善，尤以浙江省的杭州、福建省的建阳、四川省的成都刻印质量为高。宋太祖开宝四年（公元971），张徒信在成都雕刊全部《大藏经》，计1076部，5048卷，雕版达13万块之多，是早期印刷史上最大的一部书。

发展到元、明、清三代，从事刻书的不仅有各级官府，还有书院、书坊和私人，所刻书籍遍及经、史、子、集四部。

最早的商标广告实物——刘家针铺广告铜版

在中国科技馆"华夏之光"展厅，你能看到一块黑不溜秋的铜版，仔细一看，中间仿佛是一只兔子，四周还刻着密密麻麻的小字。你能猜出来这块铜版是做什么用的吗？

这块铜版是刘家针铺广告铜版，它诞生于北宋年间，是目前已知的中国乃至世界上最早出现的商标广告实物，在历史学界、经济学界尤其是广告学界极富盛名。

刘家针铺广告铜版（复制件）

从广告学角度来看，这块铜版中的兔子类似于咱们常见的商标，"济南刘家功夫针铺"这几个铜字相当于注册公司，"认门前白兔为记"这几个字是在提醒大家一定要认准咱家的"兔子"商标，别进错了门哟！广告内容是宣传该针铺用上等的原料造针，使用方便，如果有人想要批发购买，还可以优惠呢！

行在会子库铜版

古代印钞机——行在会子库铜版

北宋时期开始使用纸币，纸币印刷大多使用铜版。中国国家博物馆收藏了一件行在会子库铜版。考考你，"行在会子库"是什么意思呢？

"行在会子"是南宋的一种纸币。"行在"是皇帝临时所在之地，即今杭州。"会子"是纸币名称。"会子库"即原会子务，是主管会子的机构。该版为竖长方形版面，包括发行机关名称、面额，以及对伪造者和举报者的赏罚措施等内容。

无垢净光大陀罗尼经

历史表明，印刷术与佛教具有很深的历史渊源，现存最早的雕版印刷品是我国唐代武则天时期的佛经卷《无垢净光大陀罗尼经》。为了宣传佛教，佛教僧侣积极使用印刷术，印刷了大量的佛经，这也在一定程度上促进了印刷术的进一步发展和推广。

转轮排字盘

提高印刷效率
——活字印刷术

虽然雕版印刷术大大促进了书籍的普及，但是它也有不少缺点，如刻版费时，易漏刻错刻，雕好的版片占用大量房舍，还容易蛀虫、变形……这些缺点促成了印刷术的改进。

宋代的毕昇在年轻的时候是印刷铺工人，他在长期的印刷实践中，深深地体会到雕版印刷的艰难，在认真总结前人经验的基础上，开动脑筋，发明了世界上最早的活字印刷术。

我国北宋科学家沈括所著的《梦溪笔谈》记载了活字印刷术的具体步骤，主要包括用胶泥刻字、烧字、排版、印刷等。和雕版印刷术相比，这种泥活字印刷术的优点是制造泥活字成本低廉，而且活字能够反复使用，容易存储和保管，不占过多空间。作为我国印刷术发展中的一个根本性的改革，活字印刷术先后传到朝鲜、日本、中亚、西亚和欧洲等国，为世界各国知识的广泛传播、交流创造了条件。

元代科学家王祯为了克服胶泥活字易碎、遇水易化等缺点，发明了木活字印刷术，取得了更好的印刷效果。后来，他还发现排字工人在一大堆木活字堆里拣字速度很慢，人也很累，就想办法改进排字方法，发明了转轮排字盘。转轮排字盘主要是由两个同样大小的圆盘组成，每个圆盘里面都有好些个格子，通过音韵放置汉字。排字工人坐在两个轮盘的中间，用手转动轮盘，就可以拣到所需要的字了。

古代木活字印刷术的典范——《钦定聚珍版武英殿程式》

《钦定聚珍版武英殿程式》于清乾隆四十二年（1777）由金简所著，全书内容分为两部分。第一部分是金简等人关于木活字印刷事宜向乾隆皇帝请示的奏折以及皇帝的批示，第二部分记载了木活字制作的技术和排版印刷的工艺流程。该书内容详备，堪称木活字印刷技术标准的典范，对清代活字印刷技术标准化及其普及推广起到了重要作用。

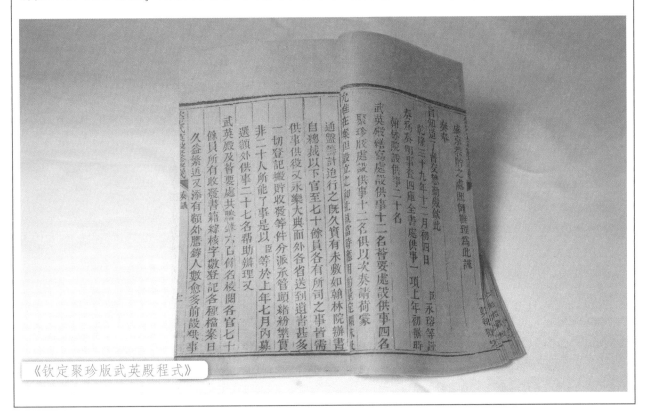

《钦定聚珍版武英殿程式》

马克思曾给予印刷术极高的评价，他认为印刷术是"变成科学复兴的手段，变成对精神发展创造必要前提的最强大的杠杆"。印刷术的传播和发展，对世界很多国家的科技和文化的发展起了重大作用，直接促进了书籍的出版和文化的传播，对整个世界文明和发展起到了革命性的推动作用。

第二十二章 火药

·撰稿人／安　娜

火药是中国古代的四大发明之一，主要成分是硝石（硝酸钾）、硫磺、炭（木炭）。大概是在宋仁宗时期，我国史籍上出现了"火药"这一名词，而且在当时的都城汴京还设有专门生产火药的"火药作"。在我国古代的军事专业百科全书《武经总要》中，不但使用了"火药"这个名词，而且详细地记载了军事火药的三种配方。这是我国乃至世界上最早正式出现的火药名称和军用火药配方。在这一章节，我们就一起来了解火药的发明及中国古代著名的火器。

炼丹炉中的发明

我们的祖先早在1000多年前就发明了火药，那你知道是谁发明了火药？火药又是怎样被发现的呢？

火药并不是历史上某个人发明的，而是中国古代炼丹家在炼丹的过程中逐渐探索发明的，而且与我国的传统医学有着密切的关系。据五代中期的《真元妙道要略》书中记载，炼丹家将硫磺、雄黄、雌黄和硝石等混合起来烧炼。在炼制丹药的过程中经过一次一次的实验和探索，人们得到了一系列的启示，并最终发明了火药。同样在这个过程中，炼丹家们掌握了一个重要的规律，就是硫磺、硝石和木炭三种物质按照一定的比例混合，可以组成一种极易燃烧的药，这种药被称"火药"，顾名思义就是"着火的药"。把"火药"叫作"药"，是因为其主要成分硫磺、硝石是古代常用的医疗药物。在中国现存的第一部药材典籍——汉代的《神农本草经》中，硝石、硫磺都被列为重要的药材。

硫磺　　　硝石　　　木炭

火药接触到火就会燃烧，在密封容器内会爆炸，同时会产生硫化钾这种固体，并与不完全燃烧的木炭混合，所以我们可以看到黑烟。火药的发明是我国古代劳动人民辛勤劳动的成果，它又是随着生产的发展、社会的进步而逐渐完善的。

火药在军事领域的使用，导致了大量火药武器的出现，改变了以往单纯依靠弓箭大刀作战的局面，从而使作战方法发生了重大变革，是世界兵器史上的一个划时代进步。

● **延伸阅读**

《武经总要》中介绍的三种火药配方

火药发明以后，经过不断的试验和改进，到了宋代才开始被用于军事。北宋曾公亮主编的《武经总要》中介绍了三种火药配方，这是世界上最早的军用火药配方，如果增加不同的辅料，经过长时间燃烧、猛烈燃烧，就可以达到施放毒烟等不同效果。这三种火药配方包括火炮火药法、蒺藜火球火药法和毒药烟球火药法。

上述三个火药配方，是以硝、硫、木炭为基础，再掺杂一些其他物质。按照这三种配方配制成的火药，再经过加工制成用于投石机发射的火球，就成为具有燃烧、发烟和散毒等战斗作用的燃烧性火器。它们的创制成功，标志着我国火药发明阶段的结束，进入了由军事家制成火器用于作战的阶段，在兵器发展史上具有划时代的意义。但是，由于这三种火药中还含有较多的其他物料，所以只能用作燃烧、发烟或散毒，还有待于在作战中不断改进和提高。

突火枪模型

突火枪

最早的管形射击火器
——突火枪

提到突火枪，我们要先来认识一下它的前辈——火枪。刚开始，人们发明了火枪，它是最早出现的管形火器，最初的火枪用竹筒做枪管，枪管内装有火药，点燃之后，能够喷射火焰来烧伤敌人。严格说来，这种结构不能称为枪，因为没有子弹丸，把它作为一个火焰喷射器更加合适，但它为火枪未来的发展打下坚实的基础。后来，这种火枪有了新的发展，《宋史·兵志》记载了1259年发明的一种火器，也就是突火枪。突火枪用巨大的竹子做枪筒，筒内装满火药，也就是当时最早的弹丸之一——子窠（kē）。点燃火药，火焰燃烧产生很大的压力，当火焰燃尽后，将窠射出，击杀敌人，同时发出声

音。突火枪已经具备管形射击火器的三个条件：一个是枪管，可以用来填充粉末和弹丸；二是火药，可以用来弹射；三是子窠为射弹，可以用来击杀敌人。因此，突火枪被人们称为后世枪炮的鼻祖。

管形火器的出现，是我国火器发展史上的一件大事，具有划时代的意义。它突破了以前弓和弩等远射兵器的杀伤力完全依靠人的体力来完成和投射不准等缺点的制约。更重要的是，现代火炮是在原有管形火器的基础上发展起来的。管形火器逐渐取代了冷兵器，使战争向现代化的方向发展，极大地影响和改变了战争的形式、战争的战略和战术。

集束火箭的代表

——一窝蜂

根据现代的定义，火箭是指以火药燃烧时产生的高温高压气体形成反推力而腾空飞行的装置。按照这个定义，中国最迟在12世纪中叶就已经发明了火箭。由于火箭在战争中可发挥较大威力，所以被大量用于军事，形式也是多种多样。到了明代，火箭技术发展到一个较高的水平，火箭的种类繁多，除单飞火箭外，又发展了各种集束火箭、火箭飞弹和多级火箭。下面我们来介绍一下集束火箭的代表——一窝蜂。

集束火箭是用药线将许多支火箭并连起来一起发射，一窝蜂是集束火箭的杰出代表。制作这种集束火箭的方法是：在其木筒内放置32支火箭，木筒就是它的箭架，然后将所有火箭的引线连接在一起，使用时点燃总线，几十支箭就会一齐发出，相当于近代的火箭炮。

一窝蜂模型

世界上最早的有翼火箭
——神火飞鸦

神火飞鸦是明代制造的一种飞行火箭。它的外形是乌鸦的形状，里面装上火药，用四枚火箭推进。它是世界上最早的有翼火箭，是4支"起火"同时发动的并连火箭，借助风力可提高飞行的高度与距离。鸦体内装满炸药，到达目的地时引燃鸦体，火药就会爆炸，从而炸伤敌人。

神火飞鸦模型

世界上最早的二级火箭
——火龙出水

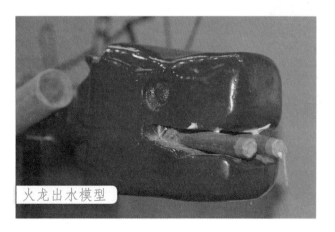

火龙出水模型

当人们用火箭装置将整个火箭推向空中时，企图用火箭装置再将另一枚火箭推向空中，使其继续飞行到更远的地方，从而发明了多级火箭中的二级火箭。明代时发明了一种叫作火龙出水的二级火箭，制作方法是：用1.6米刮薄去掉竹节的竹片作为火箭装置，用木头制作龙头和尾翼，捆绑上火线；

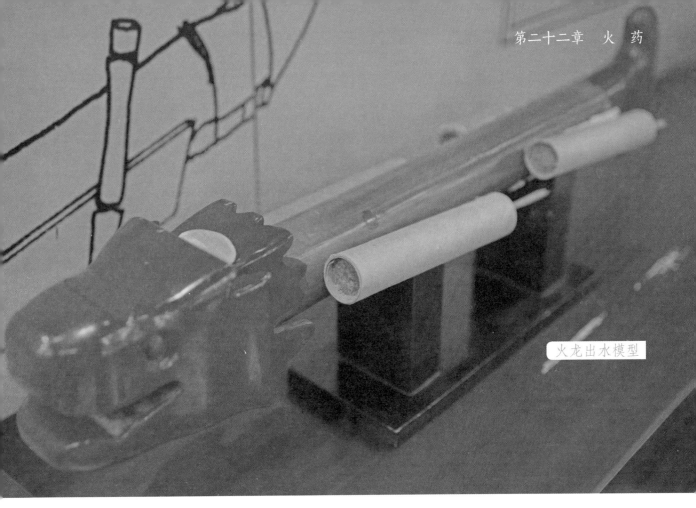

火龙出水模型

体外捆绑上4支大火箭，肚子里藏有数支小火箭。作战时，点燃火箭筒总线之后，整个火龙便迅疾飞往敌方，这是第一级。当第一级火箭发射燃尽后，点燃龙肚内藏着的数支小火箭，火箭从龙口喷射出去攻击敌人，这是第二级火箭。在四五百年前，这样的二级火箭设计，这可真是了不起的发明！

中国火药、火器的西传

　　科学没有国界，先进的文化和科学知识是相互传播以及相互影响的。很早以前，中华民族就与中亚、西亚各民族甚至是远在欧洲的一些民族有着经济、文化以及科技领域的交流。因此，中国的火药、火器西传到欧洲地区也是很正常的事情。从目前所掌握的资料来看，我国的火药和火器大约在13世纪后期至14世纪上半叶传入欧洲。13世纪后期，欧洲的书本中开始介绍火药、火器知识。当时，有本名为《制敌燃烧火攻书》的拉丁文本军事技术书，详细地记载了花炮的制作方法以及注意事项。这是已知欧洲最早介绍火药和火器知识的书籍。接着，欧洲的其他博学家，如德国的阿尔伯特和英国的罗吉尔等都在自己的书中阐述了火药、火器的制作方法，更加深入地证明了火药、火器是从中国传入欧洲的。

第二十三章　指南针

· 撰稿人／贾彤宇

指南针是我国古代重要的发明之一，有了它，不管是走在人迹罕至的深山密林里，还是漫无边际的沙漠荒野中，甚至在浩瀚无垠的大海中航行，我们都能找到回家的路。那么，古人们是如何发明了改变人类社会进程的指南针的呢？

我们的祖先很早就懂得了识别方向的重要性。那时的人们日出而作，日落而息，所以开始用太阳作为辨别方向的依据，并发明了圭表，用圭表测日影以确定方位。在繁星满天的夜晚，古人发现了一颗最为明亮的星星一直在北方闪耀着，因此称其为北极星，在夜晚就用北极星来指引方向。可是当离开熟悉的环境，或者遇到阴雨天气，或者遇到没有星光闪烁的夜晚，想分清东南西北就变得十分困难，这个问题在很长一段时间里困扰着古人们，他们向往着要是有一个能指示方向的工具该有多好！于是，人们试图寻找出一种定位辨向的仪器，从此开始了漫长而艰苦的探索和创造的征程。

端朝夕的司南

有没有一种能够不受天气因素制约的装置来指示方向呢？人们在发现磁石的吸铁性质后，也发现了磁石具有指向性。当前学界普遍认为，东汉学者王充在《论衡》中所记述的"司南之杓，投之于地，其柢指南"，是对当时的磁性指向器的描述，即司南的形状像勺子，柢就是勺柄，将它放在光滑地盘

东汉王充《论衡》

上，用手拨动让它自由旋转，当它静止的时候，勺柄总是指向南方。司南可以说是指南针的雏形，但不同于后代的指南针。经过长期的改进后，人们将针在天然磁石上摩擦，针就有了磁性，指向更加灵敏、更加轻便、准确。

● **延伸阅读**

磁石的魔力

在高科技发展的今天，磁石对每个人来说并不陌生，连小孩子都知道有一种"吸铁石"可以魔术般地吸起小块的铁片和铁针。我国古代的先人们是什么时候发现磁石？又是怎样开始应用的呢？

早在公元前9世纪，我国古代人民就掌握了炼铁技术，利用金属来制造工具。人们在寻找铁矿的时候，发现了一种神奇的矿石，这种矿石上吸附着很多小的铁矿碎屑，最初人们无法正确解释这一现象，于是就用母子情来比喻，认为矿石是铁的"母亲"，慈祥的"母亲"在吸引自己的"孩子"。

《史记·封禅书》中记载了一个故事：西汉时有个名叫栾大的方士，制作了一种斗棋，两个方形的棋子摆在一起，能够"相拒不休"，不断排斥，而换个摆法，又相互吸引，把很多这种棋子放到棋盘上，会互相碰击，自动地打斗起来。栾大将棋献给了汉武帝，汉武帝看了非常惊喜，封他为"五利将军"。其实，栾大的棋子是用磁石做的，磁石有两极，同性磁极相斥，异性磁极相吸，棋子一多，有的相吸，有的相斥，因而互相碰击。

中国的古人们发现了磁石吸铁的性质，在不断的研究和探索中，加深了对磁石性质的理解，发现了磁石的指向性，并终于发明了改变世界面貌的指南针。

磁石

指南鱼

人工磁化的指南鱼

铁片在磁石上摩擦之后会带上磁性，我们的祖先利用这一发现，便制造了人工磁铁，这是一个很大的技术进步。北宋曾公亮在《武经总要》中描述了指南鱼的制作方法：指南鱼是将薄铁片剪成鱼的形状，放入炭火中烧成赤红，用铁钳夹住鱼首，使鱼头向南、鱼尾向北，倾斜放入水中冷却，在地磁场的作用下，鱼形铁片就会被磁化，具有了指向性。使用时，让鱼浮于水面自然转动，停止后，鱼头和鱼尾就指示南北方向。不用时，要存放在装有磁石的密闭铁盒中，以保存指南鱼的磁性。这种人工磁化方法的发明对指南针的应用和发展起到了巨大的作用。

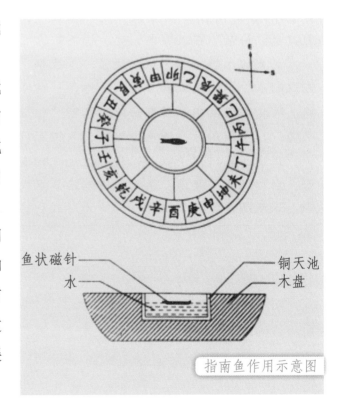

指南鱼作用示意图

腹中藏磁的指南龟

南宋陈元靓在《事林广记》中记录了一种名为指南龟的装置形式。指南龟是用木头雕刻成龟形，将一块天然磁石放置在龟的腹部内，尾部插有铁针，在龟的腹部挖一小孔，放置在直立于木板上的竹钉上，这样，木龟就有了一个能够自由旋转的固定支点。静止时，木龟尾部铁针指向南方。

指南龟模型

悬针定向的缕悬法指南针

缕悬法指南针是北宋时期利用人工磁体制成的四种针形指南针之一。用一根蚕丝连接在磁针的中部，悬挂在一个木架上，木架的底部绘有方位盘，上面刻有二十四方位。静止时，在地磁场的作用下，磁针两端指示南北两个方向。由于空气阻力小，磁针敏感性强，所以指示比较准确。

缕悬法指南针模型

《梦溪笔谈》

《梦溪笔谈》是北宋科学家沈括的笔记体著作，是中国科学技术史上的一部重要文献，记载了我国古代劳动人民在科学技术方面的卓越贡献，特别是北宋时期自然科学技术所取得的辉煌成绩，被称为"中国科学的里程碑"。沈括在书中详细记载了当时指南针的四种构造和使用方法：第一种是指甲法，把一根磁针放在指甲面上，轻轻转动以指示方向；第二种是碗唇法，把磁针放在光滑的碗口边上以指示方向；第三种是水浮法，在指南针上穿几根灯芯草，放在有水的碗里，使其漂浮在水面上指示方向；第四种便是缕悬法。

指南针所指的方向，并不是正好指向地球的南极和北极，而是有偏差的。沈括在《梦溪笔谈》中写道："方家以磁石磨针锋，则能指南，然常微偏东，不全南也。"说明在北宋以前，堪舆家就已经发现了磁偏角。沈括的记载比哥伦布发现磁偏角早了400多年。

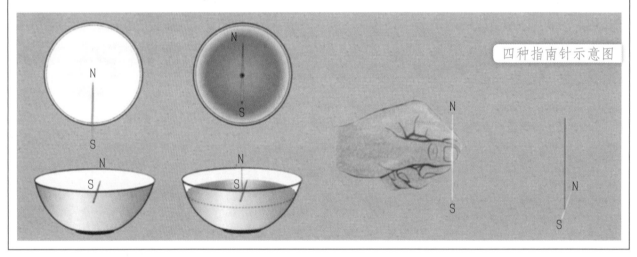

四种指南针示意图

浮针定四维
——罗盘

由于受地磁偏角的影响，指南针不全指南，常微偏东。为了更准确地指示方向和测定方位，需要有方位盘与之配合，因此出现了将磁针和标有二十四向的方位盘连成一体

水罗盘（清代）

旱罗盘（清代）

的罗盘。通过观察磁针在方位盘上的位置，就能测出方位。罗盘分为水罗盘和旱罗盘，盘式逐渐由方形演变成圆形。南宋时，我国在航海中使用的大多是水罗盘。随后出现了旱罗盘，罗盘上刻度精细，标明方位和八卦，磁针采用中轴式支撑，使其不再在水面上飘荡，磁针转动起来就更加自由，指向也更加精确。

● 延伸阅读

张仙人瓷俑

1985年5月，江西省临川县一座南宋墓葬中出土了一批瓷俑，其中有一件底座上写有张仙人字样的瓷俑，高22.2厘米，束发绾髻，身穿长衫，手捧罗盘竖于胸前。罗盘有16个方位的刻度，磁针的形状与水浮磁针不同，磁针呈菱形，中间有一小孔，表现出有轴支撑的结构。这座墓的主人朱济南葬于1198年，由此证明，我国早在12世纪末以前就已经有了旱罗盘。

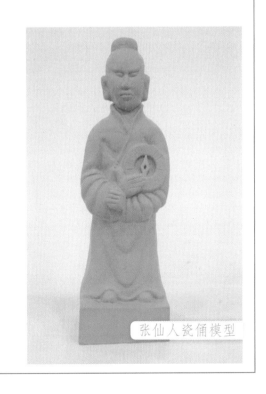

张仙人瓷俑模型

出海远航
——指南针与航海

指南针一经发明，开创了人类航海的新纪元，从此人类可以全天候在一望无际大海上远洋航行。

北宋末年，指南针成为海上导航最重要的仪器，在远航的商船上设置有专门放置罗盘的"针房"。人们记录下航行中指南针在沿途岛屿、港口的指向，称为针位，各针位连贯起来形成针路，并根据它来绘制航海图。明代时，郑和带领庞大的船队七下西洋，途径30余国，最远到达非洲东海岸、红海和伊斯兰圣地麦加，沿途都是用罗盘指明航线，写下了航海技术史上光彩夺目的篇章。

在12世纪末13世纪初，指南针由海路传入阿拉伯，并经由阿拉伯传入了欧洲，为哥伦布发现美洲大陆和麦哲伦的环球航行奠定了基础。

指南针的发明，对中国乃至全世界都产生了巨大的影响，引起了航海技术的重大革新，促进了世界航海事业的发展和对外经济贸易及文化交流，从此改变了世界的面貌。

第二十四章 瓷器的王国

·撰稿人／谌璐琳

2005 年10月23日，香港苏富比秋拍中清乾隆御制珐琅彩花石锦鸡图双耳瓶拍出了1.1548亿港元的高价，在刷新全球清代瓷器最高拍卖价的同时，也打破了亚洲地区单件艺术品拍卖的最高成交纪录。其实，我国瓷器史上不乏这样蜚声中外、价值连城的精品。堪称我国"第五大发明"的瓷器，凝结了历代工匠的智慧与心血，蕴含中华文化的精粹，是中国对世界科技、工艺、文化作出的巨大贡献。

瓷器的前身
——陶器

说到瓷，就不得不先说说它的老祖宗——陶。旧石器时代晚期，人类开始用黏土塑造形象，并在长期用火的实践中认识到黏土经火烧后会变成硬块。大概在8000年前的新石器时代，先民们发现涂抹了黏土的篮子经过火烧变成了不易透水的容器，从而得到启发，开始有意识地塑造并烧制陶器。

人面鱼纹盆彩陶

由陶到瓷
——陶瓷制造工艺的飞跃

我国是世界上发明瓷器最早的国家，大约在公元前16世纪的商代，我们的先民创造出了"原始瓷"，而经过1000多年的不断地改进原料与技术，终于在东汉时实现了由原始瓷向瓷的过渡，取得了我国陶瓷生产史上划时代的伟大成就。

那么，一件精美的瓷器是如何制作出来的呢？我国古代的制瓷工艺主要有以下几个环节：原料炼制，瓷胎和釉浆的配制，成型，上釉，烧成。

1. 原料炼制。制瓷原料有高岭土和瓷石两类，高岭土是用一种白色"高岭石"淘洗、沉淀、晾干而成，瓷石则是一种白色中微带黄、绿、灰色的岩石。精挑细选制瓷的原料，是保证瓷器品质的基础。

2. 瓷土和釉浆的配制。瓷土是由高岭土和瓷石配制而成的，根据制品的形状、大小等不同，这两类原料的配方成分也有所不同。另外，为了呈现瓷器表面的致密光洁，釉料的配方也十分关键。

3. 成型。瓷坯成型主要有圆器拉坯及雕镶成型两种。生产圆形器物时，会将胎泥放在陶轮上，转动拉坯，再旋削加工。制作有棱角的瓷器和佛像时，则将胎泥拍成片，镶接后，再手工雕修。

4. 上釉。瓷器拉坯成型再经补水将表面细孔填平后，就可以上釉了。按照瓷坯的形状厚薄，上釉有荡釉、蘸釉、吹釉、浇釉、涂釉等多种方法，有时也会数法并用。

5. 烧成。入窑烧制是瓷器制作中十分重要的一个环节，瓷质好坏与能否制成很大一部分都由烧成决定。窑的形制有龙窑、馒头窑、葫芦形窑、蛋形窑等多种，而其中龙窑与馒头窑最为常见，使用时间也较长。

南方多利用山体坡度建造龙窑，它的出现大大提升了窑温，为原始青瓷的出现奠定了基础。

北方平原地区多使用馒头窑，窑室向上逐渐收敛且窑墙较厚，限制了瓷坯的快烧和速冷，减少了瓷器的透明度和白度，因而形成了北方瓷器浑厚凝重的特色。

经过以上步骤，一件瓷器基本上就已经制成了，如果想让瓷器呈现出更为丰富的颜色，则需要一个额外的步骤——加彩。加彩大致有釉上加彩和釉下加彩两种，前者是在瓷器上釉烧成后进行彩绘，入炉再低温（600℃~900℃）烘烤而成；后者是用色料在素坯上进行绘制，然后罩以透明釉或浅色釉，入炉再高温（1300℃左右）一次烧成。

总而言之，瓷器的发明是我国古代人民不断积累实践经验，改进原料与处理方法，提高烧制温度，总结施釉技巧，而作出的创造性成果。由于瓷器无论在实用性还是艺术性上都比陶器具有更多优点，便逐渐取代了陶器在陶瓷史上的主角地位，成为我国独具特色的民族艺术。

● 延伸阅读

陶与瓷有什么区别？

看到这里，你是否明白了陶与瓷的主要区别呢？有人以为陶与瓷的不同仅在于瓷器有釉而陶器无釉，其实从陶器到瓷器的飞跃远远不止施釉这么简单。

瓷器的产生，需要具备几个主要条件。

1. 原料的精选和加工。相较于含铁质较多的陶土，瓷器所用的高岭土富含云母和长石，钠、钾、钙、铁等杂质较少。

2. 高温烧成技术。陶器的烧制温度多在700℃~1000℃之间，气孔率和吸水率较高，而随着东汉时期窑炉结构的改进和窑温的提高，瓷器多在1200℃左右的高温中烧成，胎质致密坚硬，不吸水，敲击表面声音清脆。

3. 施釉技术的进步。瓷器在胎的表面上有一层釉，胎釉紧密结合，釉层表面光滑，不易剥落，不吸水。

唐三彩是瓷器还是陶器？

唐代的厚葬习俗使作为冥器的唐三彩迅速发展，成为陶瓷烧制工艺的珍品。许多人会误以为唐三彩是彩瓷，但其实它跟瓷器无关，而是一种低温多彩釉陶器。它是以细腻的白色黏土作胎料，以黄、白、绿为基本釉色，然后经过1000℃烧制而成的。

八俑唐三彩（现藏于陕西历史博物馆）

青瓷如玉

青瓷，因器表施有一层薄薄的青釉而得名，又有"缥瓷""千峰翠色"等美丽的别称。我国的青瓷脱胎于印纹硬陶和原始青瓷，真正意义上青瓷诞生于东汉晚期。在众多瓷器中，青瓷的发展和延续时间最长，分布也最广，可以说是我国瓷器史上最有代表性的成果。

最早出现青瓷的窑址集中在浙江省的上虞、永嘉一带，这些青瓷加工精细，胎质坚硬，釉面有光泽，又比陶器坚固耐用，比铜器造价低廉，所以一出现就迅速发展成为大众生活用具。魏晋南北朝时期，青瓷有了很大的发展和进步，瓷胎含有机物少，火候掌握恰当，造型和纹饰也更加多样，于是青瓷

的烧制遍及南北，还出现了专门烧制青瓷的著名窑场，如越窑、瓯窑、婺州窑等。

青瓷

● 延伸阅读

夺得千峰翠色来——秘色瓷

晚唐最著名的瓷器要属越窑秘色瓷，唐代诗人陆龟蒙曾作《秘色越器》，"九秋风露越窑开，夺得千峰翠色来"，说的是越窑瓷器的釉色如同融入千峰翠色，十分美妙。但是什么是秘色瓷？窑址在哪里？却曾经是陶瓷史上的一个谜。1987年，考古人员在发掘陕西省扶风县法门寺唐代宝塔地宫时，发现了13件唐懿宗供佛的秘色瓷，使这个千古之谜得以解开。秘色瓷的故乡在浙江省慈溪市上林湖畔，早期专为宫廷烧造，后来由于名声广播，不少地区大量仿制，秘色瓷便成为青瓷中类似越窑、釉色上乘者的泛称。

白瓷如雪

白瓷是釉料中没有或只有微量的成色剂、入窑经高温烧成的素白瓷器，由青瓷演变而来。制瓷工匠通过对瓷土进行精炼，降低原料中的铁含量，克服铁呈色的干扰，从而发明了白瓷。与青瓷不同，白瓷最早产生并流行于中国北方，北齐范粹墓出土的白瓷是中国迄今见到的有可靠纪年的最早白瓷。虽然白瓷的产生晚于青瓷数百年，却对中国瓷器的发展有极其深远的影响，为彩瓷的出现创造了物质和技术条件。无论是日后的青花、釉里红，还是斗彩、珐琅彩，都是以白瓷为衬托。

到了唐代，中国的瓷器市场已经形成了"南青北白"的格局，南方主要烧青瓷，北方以白瓷为主，而当时的邢窑白瓷与越窑青瓷则分别代表了南北两大瓷窑系统。

白瓷

斗彩

彩瓷如画

我国古代瓷器的发展，整体经历了从无釉到有釉，由单色釉到多色釉，再由釉下彩到釉上彩，并逐步发展成釉下与釉上合绘的五彩、斗彩这一漫长的过程。绚丽多姿的彩瓷的出现，结束了漫长的"南青北白"局面。

明代精致白釉的烧制成功，施釉手段的多样化，使瓷器烧制技术日臻卓越。明成化年间烧制出在釉下青花轮廓线内添加釉上彩的斗彩，嘉靖、万历年间烧制成用多种彩色描绘的五彩，都是传世珍品。而清代瓷器在此基础上呈现出了更为丰富多彩的面貌，制瓷技术达到了辉煌的境界。康熙时的素三彩、五彩，雍正、乾隆时的粉彩、珐琅彩都是驰名中外的精品。

● **延伸阅读**

素胚勾勒青花瓷

青花瓷，是一种用含氧化钴的钴料在白瓷素胎上描绘纹饰，经1300℃高温烧成后呈蓝色花纹的釉下彩瓷。它从唐代开始萌芽，在经历宋代的沉寂之后，最终在元代的景德镇发展成熟。到了明代，青花瓷进入全盛时期，尤其是明永乐、宣德年间被视为中国青花瓷的"黄金时代"。青花瓷替代龙泉青瓷一跃成为外销瓷器中首屈一指的名牌货，在郑和历次下西洋采办的物资中也是最不可或缺的出口商品。

青花瓷为什么会有如此大的魅力呢？主要因为它瓷质细腻洁白，蓝色彩绘幽菁可爱，图案纹饰雅俗共赏，而且烧制工艺相对简单，成本较低，便于批量生产。

延伸阅读

彩瓷皇后——珐琅瓷

让我们再回到文章开头提到的天价珐琅彩，珐琅彩有什么独特之处呢？

珐琅瓷是中国传统制瓷工艺和法国传入的画珐琅技法相融合产生的一个彩瓷品种。它先是由景德镇官窑烧制出瓷胎，挑选出精品送到北京宫廷，再由御用画师用西洋画技法绘上珐琅彩料，最后在清宫造办处珐琅作坊二次烧造而成。这种瓷器成本较高，在当时专为宫廷御用，在康熙、雍正、乾隆等朝均有烧制，然而由于制作极为费工，乾隆以后就基本销声匿迹了，所以传世精品显得格外珍贵。

"丝绸之路"的开辟沟通了中外文化间的交流，使中国成为"东方丝国"，而伴随着瓷器的外销，中国更是以"瓷国"而享誉于世。中国瓷器早在唐代即沿陆路和海路传播到许多国家，宋人赵汝适在《诸蕃志》记载，自东南亚至非洲有16个国家购买中国的瓷器。中国瓷器的产生和发展对整个人类文化作出了卓著的贡献，而其精湛的制瓷技术和悠久历史在世界上都属罕见，它是中国人民同世界各国人民友好往来的历史见证，是人类物质文明史上绚丽多彩的瑰宝。

第二十五章　连接东西的丝绸之路

·撰稿人／张彩霞

> 朗朗神洲，祚传千载；漫漫丝路，泽遗百代。"这是利祥先生在《丝绸之路赋》中对丝绸之路的概括性描述。丝绸之路是中西方重要的沟通交流要道，不仅促进了沿途各国经济的发展、文化的交流和技术的传播，也为我们留下了深厚的国际国内友谊。

古代丝路的魅力历史

1877年，德国地理学家李希霍芬正式提出"丝绸之路"概念，用于描述公元前后东西方交流中的一条交通要道，因主要交易丝绸而得名。通常来说，丝绸之路有草原丝路、陆上丝路和海上丝路三种。

草原丝路指蒙古草原地带沟通欧亚大陆的商贸通道，历史最悠久。其主要线路由中原地区向北越过古阴山、燕山一带长城沿线，向西北穿越蒙古高原、中西亚北部，直达地中海欧洲地区。在公元前5世纪前后开始运送丝绸，长期以来主要由散居在欧亚草原上的游牧民族充当传播者，促进了欧亚大陆东西两端的科技文化交流。

陆上丝路兴盛于汉唐时期，距今已有2000多年的历史。汉武帝时，张骞曾两次出使西域，基本上形成了以长安（今陕西省西安市）为起点，经关中平原、河西走廊、塔

"丝绸之路"情景图

里木盆地，再到中亚、西亚，并连接地中海各国的陆上通道，史称"张骞凿空"。

中国丝绸也通过海上交通销往世界各国。海上丝路形成于汉武帝之时，主要分为东海丝路和南海丝路，其中从中国出发向西航行的南海航线是主要线路；由中国向东到达朝鲜半岛和日本列岛的东海航线居于次要地位。海上丝绸在唐宋时期最为繁荣，各种中国货物、技术和资源传入亚洲、北非，再转运至欧洲。

在丝绸之路上，五彩丝绸、精美瓷器、绝妙香料等络绎不绝，不同文化碰撞出新的火花，先进技术实现了交流和发展。

● **延伸阅读**

张骞出使西域

张骞出使西域，指的是汉武帝时期派遣张骞出使西域各国的历史事件。当时，西汉王朝已经建立60多年，政治稳定，经济发展，国富民强，但在北部却长期受到匈奴游牧民族的侵袭。建元元年（公元前140年），年仅16岁的汉武帝即位。为了削弱匈奴势力，他希望联合位于敦煌、祁连一代的游牧民族大月氏来夹击匈奴。满怀抱负的张骞挺身应募，出陇西，经匈奴时被俘获，逃脱后西行先至大月氏，再至大夏；一年后返回，途中改走南道，仍被俘虏并拘留一年。公元前126年，匈奴发生内乱，他才得以返回汉朝，向汉武帝详细报告了西域情况。

张骞出使西域原本是为了依照汉武帝旨意联合大月氏抗击匈奴，结果却促进了各族文化的频繁交注，中原文明通过"丝绸之路"迅速向四周传播。因而，张骞出使西域，不仅联通了中国通注西域的丝绸之路，也有效促进了中西方科技、文化等方面的交流。

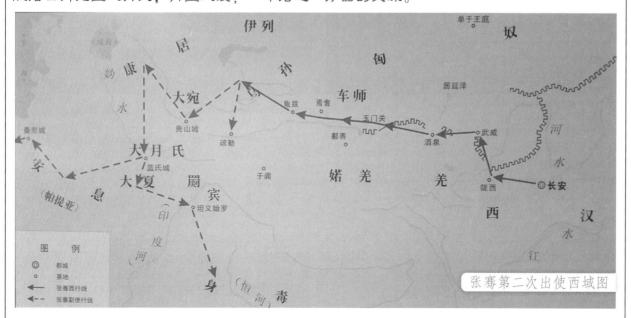

张骞第二次出使西域图

中西方科技的传播和交流

中国古代科技在世界长河中具有重要的历史地位，也对世界各国的技术发展产生了深远影响，其中最具代表性的就是四大发明。弗朗西斯·培根曾说："我们若要观察新发明的力量、效能和结果，最显著的例子便是印刷术、火药和指南针了。"

一、造纸术外传

我国是世界上最早发明纸的国家，早在西汉时期就出现了以麻为原料制成的纸张。公元105年，蔡伦改进了造纸术，生产出人类历史上真正具有实用意义的纸张，故又被称"蔡侯纸"。

那么，中国的造纸术是怎样传到外国的呢？

公元4～5世纪，中国发明的造纸法最先传到朝鲜，公元7世纪又从朝鲜半岛传到日本。公元9～10世纪，中国纸张和造纸技术又通过丝绸之路西传至邻国印度，随后再由阿拉伯人传到了叙利亚、埃及、摩洛哥、西班牙等地。16～17世纪，造纸术又经由俄国和荷兰传入美国和加拿大。中国的造纸术比西方领先近2000年，直到1797年法国人路易斯·罗伯特发明了用机器造纸的方法。

二、印刷术外传

印刷术是人类近代文明的先导，为知识的广泛传播和交流创造了条件。印刷术分为雕版印刷和活字印刷两种。其中，活字印刷术产生于北宋年间，是由毕昇在改进雕版印刷的基础上创造的。印刷术与造纸术的外传路线大体一致。但印刷术并没有像造纸术一

印 刷

样在阿拉伯传播开来，却在蒙古和欧洲得到广泛使用。蒙古人主要利用活字印刷术来印刷纸钞，并将其西传至西亚、北非一带。随后，印刷术又进入了欧洲，并在宗教画和纸牌中广泛应用。

三、火药外传及佛郎机

12、13世纪时，火药首先传入阿拉伯国家，然后传到希腊和欧洲乃至世界各地。

火器传入欧洲后得到了革命性的发展，并最终成为欧洲人征服世界的利器。佛郎机就是典型案例。它于15世纪末、16世纪初流行于欧洲，是一种可以后膛装填弹药的铁质火炮，整体由炮管、炮腹和子炮三部分组成，能够连续开火，弹出如火蛇，又可称为速射炮。16世纪初，葡萄牙殖民者携带大量佛郎机屡次骚扰我国东南沿海，明朝将领在坚决抵抗中逐步认识到佛郎机在火力、射程、命中率和结构诸方面的优势。基于军事需要，明朝将领还对佛郎机进行了积极吸收和改进，逐步仿制出马上、流星炮、连珠、万胜、日出、无敌大将军、铜发贡、百子等火炮，成为明朝嘉靖至万历年间极具威力的武器。这是中西方技术在相互学习、相互借鉴中共同发展的典型案例。

四、指南针、水罗盘和旱罗盘

在我国古代，指南针最初应用于祭祀、军事、礼仪等场合，后来逐步应用于航海领域。秦汉时期，我国主要与朝鲜、日本等国家进行海上往来，到了隋唐五代时期延伸至阿拉伯地区。宋代及以后，由于指南针广泛应用和推广，我国航海业空前发达，中国商船经常往返于南太平洋与印度洋航线，从而形成了著名的"海上丝绸之路"。

南宋时期，罗盘装置出现并发展。这是一种把磁针与分方位装置组合而成的仪器，古时常称"地螺"或"针盘"。罗盘则是近代称谓，有水罗盘与旱罗盘两类。水罗盘是由一个标有方位的罗经盘构成，由圆木制作而成，中心挖出凹洞用于盛水，并将磁针放置其中，从而可以利用浮力和水的滑动力来指示南北。欧洲人早期使用的航海罗盘就是仿制我国水罗盘制作而成的。13世纪后半期，法国人研制出了旱罗盘，其优势在于具有稳定的支点，从而使磁针可以自由转动并正确指向南北。后来，这种携带方便的指南针被欧洲各国的水手广为应用。16世纪初，旱罗盘由日本传入我国。

指南针的发明，促进了航海业的发展，也使得哥伦布发现美洲新大陆和麦哲伦的环球航行成为可能，加速了世界经济发展的进程。

旱罗盘

五、崇祯历书

《崇祯历书》是一部全面介绍欧洲天文学知识的著作，由徐光启、李天经、李之藻等人编译，同时吸收了邓玉函（瑞士人）、龙华民（意大利人）、汤若望（德国人）、罗雅谷（葡萄牙人）等众多传教士的编译工作，总共历时5年才得以完成。

该书共包括46种著作，全面介绍了西方的天文学知识，既包括托勒密和第谷的宇宙体系、哥白尼的《天体运行论》，明确引入地球和地理经纬度的概念，促使太阳、恒星、月亮、五大行星以及日食、月食等推算前进了一大步，也重点阐述了天文历法的有关理论和天文数学方法。其中，天文历法方面的相关理论是《崇祯历书》的核心部分。

此书编制完成后并没有颁行，直到清代早期汤若望进行删改、压缩并更名为《西洋新法历书》后才被采用，后改为《时宪历》。这是我国最早吸收西方先进天文学知识的学术著作，是中西方科技文化交流的典范，推动了中国天文学的近现代发展。

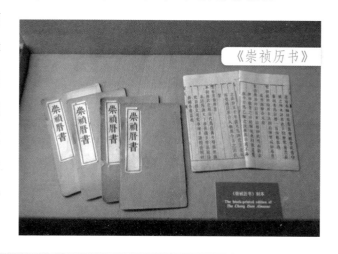

21世纪的丝绸之路
——"一路一带"倡议

随着岁月变迁，中国经济飞速发展，并逐步在世界舞台上占据不可替代的作用。中亚各国间的贸易和投资在古丝绸之路上再度

活跃。2013年9月，我国国家主席习近平在哈萨克斯坦纳扎尔巴耶夫大学作重要演讲，提出"丝绸之路经济带"和"21世纪海上丝

绸之路"的构想，简称为"一带一路"倡议。这一倡议既能联合东边亚太经济圈，又能与欧洲发达经济圈发生重要联系，具有极为重大的发展潜力。这一倡议，为古丝绸之路注入了生机和活力，既体现了对历史的继承和发展，也体现了对该区域潜在资源的开发和利用。

丝绸之路，作为中西方沟通的重要桥梁和纽带，在漫长的历史时期发挥了不可替代的作用，有效推动了中国的繁荣和发展，促进了中西方交流和融合。相信，在崭新的21世纪，丝绸之路必将重焕生机，散发青春和活力。